滩海吸力式桶形基础承载力计算方法及其应用

武　科　著

海洋出版社

2014年 · 北京

图书在版编目(CIP)数据

滩海吸力式桶形基础承载力计算方法及其应用/武科著.—北京:海洋出版社,2014.12

ISBN 978-7-5027-8990-9

Ⅰ.①滩… Ⅱ.①武… Ⅲ.①海上油气田-油气田开发-承载力-计算方法-研究 Ⅳ.①TE5

中国版本图书馆CIP数据核字(2014)第265665号

责任编辑:白 燕 朱 瑾
责任印制:赵麟苏
海洋出版社 出版发行
http://www.oceanpress.com.cn
北京市海淀区大慧寺路8号 邮编:100081
北京旺都印务有限公司印刷 新华书店发行所经销
2014年12月第1版 2014年12月北京第1次印刷
开本:787mm×1092mm 1/16 印张:9.5
字数:186千字 定价:38.00元
发行部:62132549 邮购部:68038093 总编室:62114335

前 言

面对人口急剧膨胀、陆地资源日益枯竭、环境不断恶化这三个大问题，人类把解决问题的希望寄托于海洋。然而由于港湾与海洋环境极端恶劣，地质条件复杂，不可避免地遇到大量的软土和可液化砂质土等不良地基，并且厚度往往很大，覆盖范围也非常广泛，加大了工程建设的难度，增加了工程投资和风险。同时，我国的海洋资源尤其是浅滩边际油气田和深海油气田的开发还处于比较低级的阶段，与世界上先进国家相比还有非常大的差距，海洋工程建设的装备与技术水平较低，对于深海恶劣海域更缺乏经验，因此迫切需要针对我国的海域和港湾与海洋资源开发的特点，对海洋土的工程特性及新型海洋基础与地基的变形机理展开系统而深入和有针对性的研究。而海洋平台结构是海洋油气资源开发的基础设施，是海上生产作业和生活的基地。作为一种新型海洋基础形式，吸力式桶形基础(Suction Bucket foundation)得到了发展。与传统的重力式基础、钢管桩基础相比，其具有适用于深水和更广土质范围、运输与安装方便、工期短、造价低、可重复使用等优点。吸力式桶形基础在正常工作中，不仅受到上部海洋平台结构巨大自重及其设备所引起的竖向荷载的长期作用，而且往往遭受波浪与地震等所引起的水平荷载、力矩荷载的共同作用。目前，针对多种荷载分量共同作用的复合加载模式下吸力式桶形基础的稳定性研究及其现代分析理论与设计方法和试验验证等方面的探索仍落后于工程实践，而且国内的海洋能源开发与利用技术远远落后于国外同行。在复杂海况、不利工程地质条件下新型海洋基础的设计与施工技术是海洋工程建设中所面临的新挑战，必须开展实验研究与数值分析。因此，对于复合加载模式下吸力式桶形基础结构的变形机理及其承载力特性开展深入而系统的理论分析与数值计算等方面的综合研究是十分必要的，将为我国海岸防护与港口工程建设、近海边际油田开发及深水海洋结构设计与建设提供理论依据与技术储备。

本书作者已经对滩海吸力式桶形基础承载力及其在海洋岩土工程中的应用开展了一定研究。本书将作者多年来的研究成果进行了比较系统的总结，以期能为滩海吸力式桶形基础承载力特性及其应用提供借鉴和参考。当然本书中有些内容也只是初步成果，目前正在进行更深入的研究工作。

由于作者水平所限，书中错误和不妥之处在所难免，敬请读者提出宝贵的批评意见。

作者

2014 年 9 月

目　次

1 绪 论

1.1 研究背景

辽阔的海洋约占地球表面面积的 71%，是一个富饶又未得到充分开发的宝库，蕴藏着丰富的能源资源。面对人口急剧膨胀、陆地资源日益枯竭、环境不断恶化这三个大问题，人类把解决问题的希望寄托于海洋。21 世纪是海洋资源开放的新世纪，世界各国把开发海洋、发展海洋经济和海洋产业作为国家发展的战略目标。20 世纪 80 年代以来，美国、日本、英国、法国、德国等国家都相继制订了海洋科技发展计划，提出了优先发展海洋高技术的战略决策。1985 年，美国率先制订《全球海洋发展战略与规划》，英国海洋科技协调委员会发表了《90 年代英国海洋科技发展报告》，日本政府制订了《面向 21 世纪海洋开发推进计划》。发达国家已拉开了加速海洋开发和竞争的帷幕，海洋成为国际竞争的重要领域。我国“九五”期间，《国家 863 高技术计划海洋领域》项目正式启动，标志着我国进入了国际开发海洋的行列[1-3]。

我国拥有长达 1.8×10^4 km 的绵长海岸线和 300×10^4 km^2 的主张管辖海域及许多岛屿，在约占国土面积 15% 的沿海地区拥有 40% 的人口和 70% 的大城市，并集中了 55% 的国民收入。因此为使我国在 21 世纪中叶进入中等发达国家水平，解决人口、资源和环境问题的一条重要出路就是有效地开发、利用和保护港湾与海洋资源与空间[4]。然而由于港湾与海洋环境极端恶劣，地质条件复杂，不可避免地遇到大量的软土和可液化砂质土等不良地基，并且厚度往往很大，覆盖范围也非常广泛，加大了工程建设的难度，增加了工程投资和风险。在港口与海洋工程设施建设与使用中，海床与地基失稳往往造成了巨大的生命和财产损失[5]。与此同时，我国的海洋资源尤其是浅滩边际油气田和深海油气田的开发还处于比较低级的阶段，与世界上先进国家相比还有非常大的差距，海洋工程建设的装备与技术水平较低，对于深海恶劣海域更缺乏经验，因此迫切需要针对我国的海域和港湾与海洋资源开发的特点，对海洋土的工程特性及新型海洋基础与地基的变形机理展开系统而深入和有针对性的研究。

海洋平台结构是海洋油气资源开发的基础设施，是海上生产作业和生活的基地[2]。自1947在年墨西哥Couissana海域建造第一座钢质海洋石油开采平台以来,随着海洋油气资源开发规模的发展,世界上已建造有近6 000座海洋石油开采平台。然而,在深海和不良土质海床上,传统的混凝土重力式平台与导管架平台结构型式受到限制,顺应式平台(CT)、大型深水多功能半潜式平台(Semi - FPS)、张力腿平台(TLP)、独柱式平台(SP)、单柱式平台(SPAR)、浮式塔(FT)、浮式生产钻井储油装置(FPDSO)及浮式生产储运系统(FPSO)等新型深水结构形式得到重视与应用[6-9],如图1.1所示。其中,张力腿平台是目前应用最广泛的深海石油平台型式。张力腿平台一般由平台主体、张力腿系统和基础三部分组成,其中基础部分

(a) 海洋结构型式

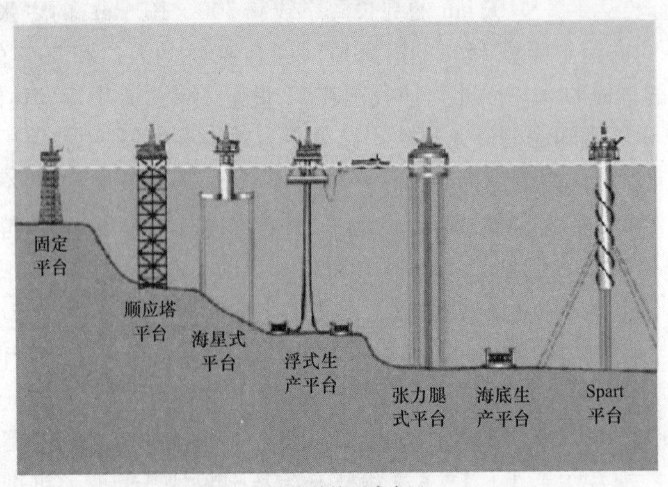

(b) 海洋结构型式发展

图1.1 海洋结构型式发展分布[9]

是设计的关键。目前,张力腿平台基础型式主要有重力式桶形基础和桩基础。但随着水深的增加,桩基础的施工难度和造价都大大增加[10]。1992年挪威土工研究所(NGI)在北海成功建造了以吸力式桶形基础为锚固基础的Snorre张力腿平台[11];随后,作为一种新型海洋基础型式,吸力式桶形基础(Suction Bucket foundation)得到了发展。与传统的重力式基础、钢管桩基础相比,其具有适用于深水和更广土质范围、运输与安装方便、工期短、造价低、可重复使用等优点。吸力式桶形基础在正常工作中,不仅受到上部海洋平台结构巨大自重及其设备所引起的竖向荷载的长期作用,而且一般遭受波浪与地震等所引起的水平荷载、力矩荷载的共同作用。目前,针对多种荷载分量共同作用的复合加载模式下吸力式桶形基础的稳定性研究及其现代分析理论与设计方法和试验验证等方面的探索仍落后于工程实践,而且国内的海洋能源开发与利用技术远远落后于国外同行。在复杂海况、不利工程地质条件下新型海洋基础的设计与施工技术是海洋工程建设中所面临的新挑战,必须开展实验研究与数值分析。因此,对复合加载模式下吸力式桶形基础结构的变形机理及其承载力特性开展深入而系统的理论分析与数值计算等方面的综合研究是十分必要的,将为我国海岸防护与港口工程建设、近海边际油田开发及深水海洋结构设计与建设提供理论依据与技术储备。

1.2 吸力式桶形基础国内外发展概况

吸力式桶形基础的发展与吸力锚(桩)的发展密不可分,可以追溯到1958年Mackereth在英国的一个湖底软泥床上进行软土取样作业时首次使用负压桶。此后,人们对负压吸力桩的研究和使用一直没有中断。1961年Goodman等用模型实验研究确定湿土内(砂及黏土)不同真空压力下,杯型锚的抗拔阻力,结果表明湿土中的真空锚固是可行的。1966年Rosfelder提出用静水压力为海上锚泊业务服务的概念;1967年Etter和Turpin将水下吸力锚用来操纵一个营救艇,以实现同废弃潜水艇的舱口的对接,并且认为吸力锚是解决此问题的唯一可靠的办法;20世纪70年代初,美国海军水下工程部和海军设施工程司令部委托Rhode Island大学进行负压桩在砂土中的性能以及负压桩相关的土壤剪切强度的实验室研究;1972年荷兰Shell Research公司开发成功,并且在北海应用的以负压筒锚固定的海底土体贯入计;1973年菲利普斯(Phillips)石油公司的爱克菲斯克多里斯(Ekofisk Doris)储油罐是第一个重力式的带裙的基础结构物[12]。在随后的5年中,先后在致密的砂土和超固结黏土上建成了12个重力式的带裙基础结构物,但这些裙深均不足4.5 m。20世纪70年代末,荷兰Shell Research公司在砂土和黏土上做了直径为3.8 m的负压桩试验,得出了锚固能力达2MN的结果。进入20世纪80年代后,负压吸力锚(桩)开始在海洋石油工程中大显身手。1980 年,由 SBM 公司设计的两套链式锚腿系泊装置(CALM)的 12 个吸力锚首次在北海丹麦海区的 Gorm 油田中应用,每个链腿各借助一个吸力锚接于海底,最大可容纳 7 000 吨油轮[13]。1981 年,Cuckson 提出大型吸力桩应在水深 70 ~ 200 m 的较差的土中应用,作为更牢固的铰接系泊点或浮式生产系统服务;1985 年,挪威国家石油公司对北海 Gullfalos C 平台的两个直径为 6.5 m、高为 20 m 的负压桶进行了海中原位大型下沉试验。进入 20 世纪 90 年代,人们开始将负压桩作为平台的基础。1991 年,挪威土工技术研究所(NGI)对直径为 1.5 m、高为 1.7 m 的桶形基础做了海底沉放试验;1992 年 4 月在斯诺拉(Snorre)油田水深 310 m 的深水区建造了张力腿平台混凝土基础[14],同时在 335 m 的深水区建造了海底卫星操作平台;1993 年初,NGI 又在不同条件下进行了桶形基础的沉放试验。随着这一系列基础结构应用负压的成功安装,人们对未来桶形基础的施工方法有了更好的理解和认识。直到 1994 年 7 月,挪威国家石油公司在北海水深 70 m 的地方成功安装了 Europipe 16/11 E 桶形基础平台[11,15],如图 1.2 所示,其中桶基的直径为 12 m,贯入深度 6 m,这是世界上第一座桶形基础平台,标志着吸力式桶形基础的成功。1996 年,挪威国家石油公司又建成了第二座吸力式桶形基础平台 - Sleipner Vest 平台[16,17,18],如图 1.3 所示。

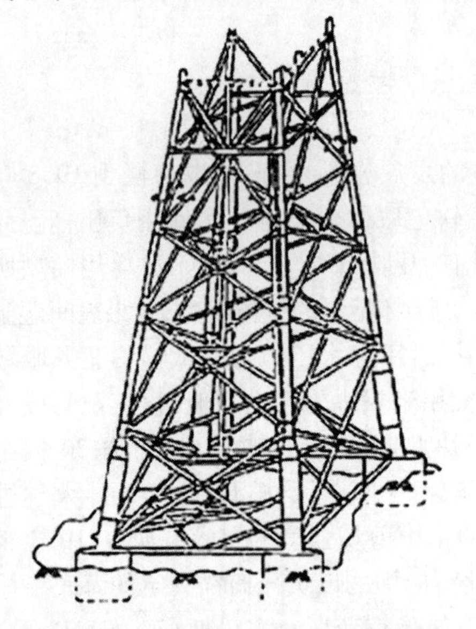

图 1.2　Europipe 16/11 E 平台示意图[11]

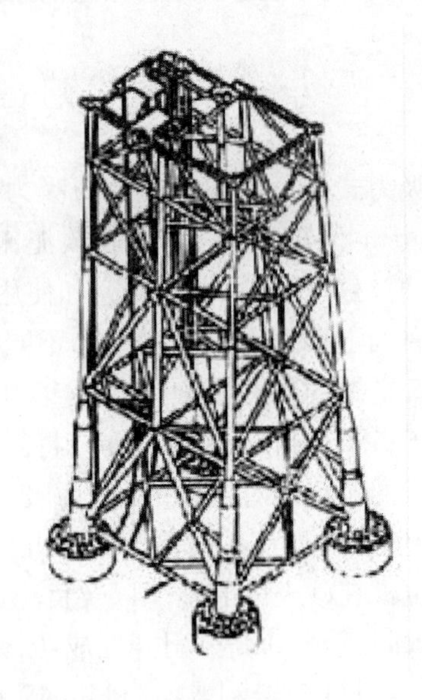

图 1.3　Sleipner Vest 平台示意图[16]

我国对桶形基础的使用和研究都比较晚。1994 年在渤海 CFD1 - 6 - 1 油田首次成功地安装了吸力锚作为延长测试油轮系泊的两点系泊锚。1995 年 6 月在

JZ20－2 油田成功安装了系泊油轮的一个吸力锚和“自强号”沉垫自升式平台的 4 根吸力式阻滑桩；同时，也顺利实现了 CFD－6－1 油田、JZ9－3 油田和 JZ20－2 油田工程完工后五次锚的起拔回收工作。1996 年在南海陆丰 22/1 油田安装了用于 STP 单点系泊的 6 个吸力锚。1997 年将胜利油田的桶形基础平台研制列入中国石油总公司重大装备计划。1998 年通过由“海洋探察和资源开发技术(820)”主题办公室组织的可行性论证，正式纳入国家“863”计划。在经过大量的实验和研究的基础上，我国首座桶形基础采油平台于 1999 年 10 月在胜利油田埕北 CB20B 井组顺利安装成功[19]，该平台设计工作水深 8.9 m，基础部分由 4 个高 4.4 m，直径 4 m 的桶组成，这标志着我国桶形基础平台在浅海进入实用阶段[17]。

(a)

(b)

图 1.4　吸力式桶形基础结构图[9]

吸力式桶形基础是由带有裙板的重力式基础发展而来，长径比通常为 1～2，具有片筏基础和桩基础的共同特点[12,15,20,21]。其外形像倒置的钢质大桶，顶板实为带一定倾斜度的顶盘，该盘周线下有一定深度的桶裙，桶裙尖端敞开，如图 1.4 所示。平台导管架每条腿下有一个桶形基础，两者之间有一阀门相连[22]。安装就位时，桶形基础被吊放在海底并依靠桶体的自重使桶体下缘嵌入土中，在形成桶内水体的封闭状态后，借助设置在顶端桶盖上的潜水泵向外抽水，并使同一时间内抽出的水量超过自底部渗入的水量，造成桶内部压力降低。当桶内、外压差的作用使桶盖上垂直向下的压力超过海底泥土对桶体的阻力时,桶体即可不断被压入土中,直到桶盖底面与海底接触时沉桶终止。此时潜水泵可以卸去,桶内外之间的压力差逐渐消失,桶内压力恢复到周围环境压力[23-26],如图 1.5 所示。

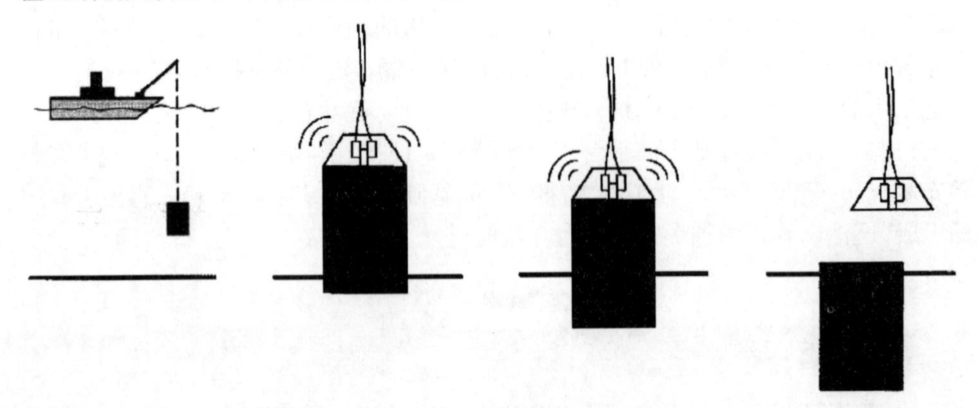

图 1.5　吸力式桶形基础安装过程[9]

作为一种新型的海洋基础型式,吸力式桶形基础具有诸多优点。其一,重量轻,所用钢材比传统导管架桩基平台节省 20% 以上[27];其二,安装就位简单,可节省现场 70% 的施工时间,且减少了海上施工风险;其三,节约经费,可降低平台总造价 50%。以胜利油田为例,近几年海上石油每年新增产量 40 万吨,需新建平台 10~15 座,采用这种平台,一年即可节约投资 7 200 多万元;其四,便于移位,可重复使用,对油藏结构相对复杂、储量小、开发周期短的边际油田尤其适用,不仅可使原来不具备开采价值的区块得以开发,同时又可避免废平台残留大海而造成海洋环境污染的弊病;其五,桶基平台利用测控技术,可对平台姿态进行控制,避免桩基平台由于海洋环境条件等原因造成的倾斜;其六,桶形基础这一先进技术不仅可应用于海上采油平台,同时还可推广应用到海岸工程、港口码头及各种水下构筑场,应用前景十分广阔[12,28-32]。

1.3　国内外研究现状及发展动态

自挪威国家石油公司 1994 年在海上首次成功地应用桶形基础平台以来,有关桶形基础平台的研究及应用逐渐推广到世界各地。目前对吸力式桶形基础的研究主要集中在静力稳定性方面以及对负压沉贯、托航等施工过程的模拟[33-37]。针对桶形基础静力稳定性方面的研究,主要包括桶形基础在竖向及水平荷载作用下的失稳破坏模式和极限承载力以及沉降速率、长径比、土性参数、桶-土相互作用等对承载力的影响[38-41]。针对吸力式锚泊系统整体稳定性的研究,主要包括系泊点的位置及系泊力大小的确定,沉放过程中土塞高度的影响[41-45]。结合本节的研究内容,下面对近年来国内外学者在软黏土地基上吸力式桶形基础稳定性分析及承载力计算等方面所取得的主要研究成果加以综述。

1.3.1 沉贯过程研究

吸力式桶形基础能否安装就位、正常运作,需要明确沉贯阻力、负压等因素之间的关系。由于负压沉贯作用,吸力式桶形基础桶体内外产生水压力差,导致土体产生渗流,过大的渗流会造成桶内土体失稳,轻者土体可产生渗流变形,形成土塞,阻碍桶基下沉,从而增大了桶体下沉阻力;重者使桶内发生流土,破坏桶基密封条件,无法形成负压,使沉贯失败[8,46]。因此,研究桶形基础负压沉贯渗流场的变化规律对于桶形基础平台设计和施工是十分必要的。

在平台 Europipe-16/11E 安装前后,研究人员进行了大量的室内外实验,主要得到了静载和动载(主要是地震和波浪荷载)作用下的砂土地基上基础的沉陷、极限承载力、负压下的沉贯阻力等[15,47,48-55]。由于海域、地质状况和环境载荷的差异,各国均针对所在海域开展工作,主要包括在不同的地质条件和工况条件下的负压沉贯技术和极限承载力分析[8]。Erbrich 等[56]研究了密实砂土中吸力式桶形基础的安装问题。根据模型实验、理论分析和原型安装数据的反分析,认为初始临界(水力)梯度增加了土松散的程度,反过来又使其恢复到非临界状态;端部阻力随施加的水力梯度线性变化,而裙内壁摩擦阻力是高度非线性变化的,后者将导致实际施加值比理论的非扰动值增大的后果。Burgess 等[57]研究了黏土中沉箱式锚的安装稳定性,结果表明靠重力贯入比靠吸力贯入更容易失稳,并且指出,小模型实验不能完全反映实际问题,如沉箱的密封性能等。针对墨西哥湾的地质情况,Gharbawy 等[58-60]开展了主要针对正常固结黏土的模型实验和原型实验,包括少量的砂土地基的实验,主要结论是:在砂土中吸力式桶形基础安装时不易达到预定的深度,这可能是土的隆起形成土塞所引起的。House 等[61]研究了黏土中吸力式沉箱安装的极限桶径比的问题,实验结果表明,在长径比为 5~7 时即可能发生土塞失效,而理论分析认为只有长径比大于 10 时,才可能发生土塞失效。Allersma 等[62]开展了砂土和黏土地基上循环荷载和长期垂向荷载作用下吸力锚的离心机模拟,研究了长径比、循环荷载、长期荷载和加载速率等因素的影响。Andersen 等[48-51,63,64]对黏土中带裙的基础和锚在不同类型的平台和不同类型的载荷条件下的设计原则进行了描述,提出了沉贯阻力和承载力的计算方法。Dyson 等[65]用离心机进行了钙质砂中的吸力桩的试验研究,探讨了安装方法、加载速率和桩头限制条件等,根据实验结果推荐了载荷传输曲线,得到了关于不同安装方法和不同加载速率的修正因子。

国内浙江大学、天津大学、中国海洋大学、胜利石油管理局、国家海洋局第一海洋研究所、中国石油天然气总公司工程技术研究所等开展了吸力式桶形基础沉贯和承载力的研究。在室内和现场做了大量的模型试验,分析了不同的加压历程条件下的沉贯阻力变化情况;通过研究负压沉贯与其他施工方法沉贯阻力的差异,确定负压对沉贯过程的影响;同时确定影响桶形基础沉贯阻力的主要因素[22,66-71]。

1.3.2　海洋地基承载力特性研究

传统的海洋地基稳定性分析主要是侧重于确定地基的竖向极限承载力。Brinch-Hansen[72]、Vesic[73]、Meyerhof 等[74]通过对 Terzaghi[75]地基承载力计算公式进行修正,考虑了基础埋深、基础形状、土性参数等因素的影响:

$$q_u = \frac{Q_u}{BL} = \frac{1}{2}\gamma B N_{\gamma r}\xi_{\gamma r}\xi_{\gamma s}\xi_{\gamma i}\xi_{\gamma t}\xi_{\gamma g}\xi_{\gamma d} + cN_c\xi_{cr}\xi_{cs}\xi_{ci}\xi_{ct}\xi_{cg}\xi_{cd} + qN_q\xi_{qr}\xi_{qs}\xi_{qi}\xi_{qt}\xi_{qg}\xi_{qd} \tag{1.1}$$

式中,下标 r、s、i、t、g、d 分别代表地基土性参数、基础形状、倾斜荷载、基础底面倾角、地基表面倾角、基础埋深等影响因素。

考虑到海洋地基的非均质性, Nakase[76]、Tani 和 Craig[77]、Houlsby 和 Wroth[78]、Green[79]、栾茂田和赵少飞等[80,81]分别针对不同形状的浅基础的极限承载力进行了分析求解。这些研究只是针对海洋浅基础地基承受竖向荷载作用而进行的,然而作为海洋工程建筑物的一种重要基础形式,吸力式桶形基础在工作中不仅承受上部结构及其自身所引起的竖向荷载的长期作用,而且往往还受到波浪、海流等所引起的水平荷载的作用。这些荷载通过基础传到地基上,从而使地基受到竖向荷载(V)、水平荷载(H)和力矩(M)等共同作用,这种加载方式称为复合加载模式。在复合加载模式下,地基达到整体破坏或极限平衡状态时水平荷载(H)、竖向荷载(V)和力矩(M)的组合在三维荷载空间(H, V, M)中将形成一个外凸的曲面,称为地基的稳定或破坏包络面[82]。对于给定的土质和土层条件,极限荷载包络图是全面表达复合加载条件下地基极限承载力的合理方式。因此,现在许多研究者采用确定 $V-M-H$ 荷载空间内海洋地基基础的三维破坏包络面,作为海洋基础从稳定状态到破坏状态的评定标准。

在地基承载力研究中,以往一般采用荷载倾斜影响系数和有效宽度概念近似地考虑水平荷载和力矩对竖向承载力的降低作用。Meyerhof[83,84]基于考虑荷载偏心对竖向承载力的影响,提出了基础有效宽度假定,即基础的有效宽度为基础宽度减去两倍的荷载偏心距。Vesic[73]通过引入半经验修正系数将 Terzaghi 所建议的竖向承载力公式进行了推广,从而考虑水平荷载和力矩的影响。Hansen[72]通过考虑基础深度和荷载倾斜对地基承载力的影响,对于地基承载力系数给出了基础深度和荷载倾斜的修正公式。Salencon 等[85,86]、Paolucci 等[87]采用极限分析方法分别求解了倾斜和偏心荷载作用下黏土地基上条形基础、矩形基础的极限承载力。Ukritchon 等[88-90]在 Sloan 等[91,92]极限分析的基础上,将极限分析方法与有限元方法相结合,给出了复合加载模式下均质和非均质软黏土地基上条形基础承载力的上限解和下限解。

近年来,复合加载模式下地基承载力问题受到了高度重视和广泛关注。针对海洋平台不同基础型式,国内外研究人员开展了比较深入的研究。Murff[93]、Martin[94]、Bransby 与 Randolph[95,96]等针对不排水条件下的饱和软土、砂土,运用不排水抗剪强度 $c=S_u(\phi=0)$,基于极限分析确定了复合加载模式下地基的破坏包络面,进而运用这种破坏包络面评价地基的稳定性。在荷载空间内,达到极限平衡状态时的 3 个荷载分量组合形成了一个空间曲面,称为破坏包络面,如图 1.6 所示。当将各个荷载分量进行无量纲化后,破坏包络面方程可表达如下:

$$f\left(\frac{V}{As_u},\frac{H}{As_u},\frac{M}{ABs_u}\right) \tag{1.2}$$

式中 A 为基础表面面积,B 为基础的宽度或直径,S_u 为地基土的不排水抗剪强度。

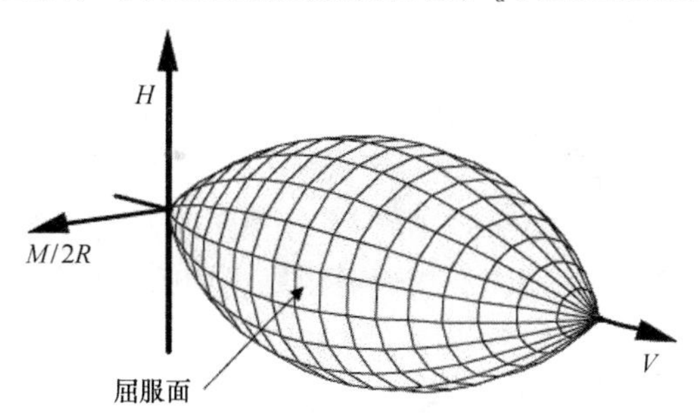

图 1.6 复合加载模式下地基的破坏包络面

目前,关于海洋深基础稳定性研究方法主要包括:模型实验、极限分析法及极限平衡法与有限元数值分析方法等。

1.3.2.1 模型实验

在吸力式桶形基础发展期间,挪威土工研究所做了大量的研究工作[11]。1985 年在北海格尔范克斯油田超过 220 m 水深的区域做了大量的沉入试验。该试验结构由两个高为 23 m、直径为 6.5 m 的钢桶组成,分别在黏性土和砂土中沉入 22 m,记录了大量的有关土体摩擦力、土压力和孔隙水压力的数据。1993 年戴维克(Rune Dyvik)、安德森(Knut H. Andersen)和汉森(Sevein Borg Hansen)等人对黏土中的吸力锚进行下沉、静力、动力的现场模型实验研究[51,52],分别分析了在静力和动力作用下土体的抗剪强度,提出了静力和抗拔力的计算方法与基础破坏模式,为桶形基础的施工和设计提供了一定的实验依据。北欧北海处于中密和致密砂分布的地区,研究多是针对这类砂土。墨西哥湾则以黏土地基为主,美国和墨西哥等国家的研究人员除了研究砂土上的吸力式桶形基础外,目前的研究主要针对黏土地基开展工作[97,98]。我国渤海地区油田大部分是砂土、黏土和粉土组成的分层土,目前针对这种地基的吸力式桶形基础的研究工作进行得较少[8]。Bye 等[15]对 Europiple－16/11E 平台和 Sleipner T 平台基础设计进行的场地、模型实验、理论模型和设计中实际应用的分析工具等进行了总结。Andersen 等[49,52]进行了针对软黏土中张力腿锚基础的野外场地实验。Allersma 等[99,100]开展了循环载荷和长期垂向载荷作用下吸力锚的离心机模拟,研究在黏土和砂土中吸力桩的垂向承载力。Byrne 等[97]对砂土中吸力式沉箱在循环作用下的响应进行了分析,根据实验结果得到了对载荷位移关系较深入的理解,在此基础上提出了简单的理论和数值模型。Deng 等[101]进行了吸力式沉箱的垂向拉拔力的理论研究。Gharbawy 等[58,60,102]对张力腿平台中所应用的吸力式沉箱的抗拉承载力进行了实验研究。Narasimha 等[103]进行了软黏土中吸力锚拉拔特性的实验研究。Takatani 等[104,105]研究了波浪载荷下软黏土地基上吸力式桶形基础的动力响应。Clukey 等[106]对正常固结黏土中张力腿平台基础受到循环载荷时的响应进行了分析。Watson 等[50]总结了关于沉箱基础在垂直向、水平向和力矩载荷作用下的响应研究,包括离心机模拟结果和数值模拟结果。Randolph 等[107]研究了细颗粒钙质土中吸力锚的行为,研究了吸力锚承担近似水平载荷作用下的响应,提出了一种新的上限分析方法,并进行了离心机模拟实验。Renzi 等[108]利用离心机研究了黏土中吸力桩的沉贯过程和垂向极限承载力等问题。Fuglsang 等[109]利用离心机模拟了黏土中吸力桩的拔出破坏问题。Andersen 等[48,49,51,52,64]对黏土中带裙的基础以及锚在不同类型的平台和不同类型的载荷条件下的设计原则进行了描述,提出了承载力的计算方法[8]。Byrne 等[110]利用离心机模拟了竖向动荷载作用下黏土中吸力式桶形基础的水平荷载与力矩荷载耦合作用。Gottardi 等[111]利用离心机研究了砂土中圆形基础复合加载模式下的承载力问题。Martin 等[112]利用离心机探讨了复合加载模式下纺锤形基础的承载性能。鲁晓兵等[113]针对吸力式桶形基础水平动荷载作用下的承载力问题,进行了离心机实验研究。施晓春等[21,39,114,115]利用模型实验探讨了吸力式桶形基础的水平、竖向承载力特性。

1.3.2.2 极限分析方法及极限平衡方法

吸力式桶形基础作为近海工程一种新型结构型式,其结构与地基土体间复杂的相互作用使此类结构的承载机理与破坏形态一直未有明确的界定[116]。

Meyerhof[74,83,117]基于塑性理论给出了黏土地基上浅基础、深基础的承载力计算公式，并通过实验进行了验证。Deng 等[118]通过假定黏土不同排水状态下吸力式沉箱抗拔破坏模式，给出了吸力式沉箱抗拔力的理论解。Murff 等[119,120]针对软基上水平承载桩的承载力提出了三维极限分析方法。在此基础上，Aubeny 等[121]进一步考虑软黏土不排水强度的各向异性，由此探讨了软土强度的各向异性对吸力式沉箱承载力的影响。Bang 等[122]针对吸力锚的水平极限承载力提出了三维极限分析方法。王晖等[116]基于塑性极限分析理论的上限法建立了水平荷载作用下饱和软黏土地基上桶形基础的三维极限分析模型。薛万东[123]通过假定多种竖向荷载作用下吸力式桶形基础的失稳破坏模式，探讨了桶形基础的竖向极限承载力计算方法。孟昭瑛等[124]研究了海洋平台受水平荷载作用时吸力式桶形基础的破坏模式及其计算方法，并阐述了抗滑稳定计算方法。吴梦喜等[125,126]通过考虑垂直土反力承担抗倾覆弯矩，来考虑垂直荷载对水平承载力的影响，提出了一种桶形基础承载力极限反力法。张伟等[127]在分析与研究室内外模型实验结果的基础上，利用 Winkler 假定，按空间问题推出了一个形式简单的桶形基础水平极限承载力计算公式。果会成[128]通过大港油田桶形基础模式实验平台的承载力试验研究，探讨了负压桶基与软土地基的相互作用以及桶形基础在竖向荷载与水平荷载作用下软土地基承载力情况，确定了地基的破坏模式，并将理论计算结果与模型实验结果进来了综合分析比较。严驰等[129,130]提出了具有浅基础特点的桶形基础平台承载力计算可采用的经典地基承载力公式，并通过试验数据进行了土性参数的敏感性分析。范庆来等[131]针对横观各向同性软基上深埋式大圆筒结构的水平承载力，提出了一种改进的极限分析上限解法。

1.3.2.3 数值分析方法

为了深入探讨吸力式桶形基础结构与软基的复杂相互作用，有限元等数值分析方法得到了广泛应用。Carter 等[99,132]采用应变硬化模型对复合加载模式下浅基础承载力特性进行了数值分析。Martin 等[94,133,134]采用基于塑性理论的应力应变增量迭代的数值计算方法，探讨了复合加载模式下纺锤形基础承载性能。Randolph 等[135,136]采用简化基础型式和应变修正重新划分有限元网格的方法，研究了复合加载模式下海洋浅基础的承载力特性。Bell 等[137]采用有限元数值计算方法，研究了轴对称海洋浅基础在各种荷载作用下的承载力特性。Cao 等[138]利用有限元数值计算方法，探讨了吸力式沉箱竖向抗拔力的特性。栾茂田等[82,139]基于大型有限元数值软件 ABAQUS，利用二次开发，建立了浅基础的数值计算模型，进一步，针对复合加载模式下及非均质地基上浅基础的承载特性进行了数值模拟。刘振纹等[38,140,141]针对负压桶形基础的特点和工作机理，通过有限元计算，分析了竖向荷载、水平荷载作用下单桶基础的地基破坏模式，阐明了能够反映单桶基础地基承载力特性的计算关系式。施晓春等[115,142]通过三维有限元的数值模拟，研究了在水平荷载作用下不同土体特性对桶体变位、桶体外侧土压力分布规律的影响。张伟等[16,143,144]利用美国MSC公司的Marc有限元计算程序,针对我国第一座桶形基础平台进行了三维有限元弹性分析;在计算中,利用薄层摩擦单元模拟土与结构间的相互作用。王秀男等[145]将有限元无限元接触单元耦合的数值计算方法引入到桶形基础与土壤相互作用的强度分析中,并将该方法得到的计算结果与模型实验进行了比较。范庆来等[146]通过建立非均质软黏土有限元计算模型,研究了非均质软黏土地基上吸力式沉箱抗拔承载力。但是在这些研究工作中大部分基于海洋浅基础承载力特性分析,或者只探讨了单个荷载作用下桶形基础的极限承载力,没有考虑作为一种新型的深海海洋基础型式,吸力式桶形基础在复合加载模式下的失稳破坏机理以及承载性能,也没有考虑地基土体的不排水强度的横观各向异性和非均质性对复合加载模式下桶形基础承载力的影响。

进一步,目前,对于多桶基础结构地基稳定性的研究较少,李驰等[10]对于多桶基础结构在水平、竖向荷载单调作用下的承载力进行了探讨,而针对复合加载模式下多桶基础结构的地基破坏机制及地基承载力特性缺乏深入研究,评价多桶基础结构稳定性的合理方法缺乏探讨。

1.3.3　变值(循环)荷载作用下海洋地基承载力特性研究

目前对于海洋地基的承载力计算大多限于静力计算,不考虑波浪循环荷载效应对于承载力的影响。而工程实践表明,在长时间波浪持续作用下软基上大型海洋结构物失稳破坏大多是软基强度循环软化导致的。所以,考虑地基土体循环软化效应,发展实用的计算方法与设计理论,合理地评价在变值(循环)荷载作用下海洋地基承载力的特性,是十分必要的。

关于饱和软黏土地基在循环荷载作用下的循环软化效应,国内外进行了一定数量的试验和数值分析研究。Hyde等[147]通过研究表明,即使在循环峰值偏应力远低于通过三轴压缩试验所确定的单调剪切强度时,试样可能发生剪切破坏。Andersen等[148,149]针对正常固结和超固结Drammen黏土的研究表明:对于正常固结试样,固结期间所施加的预剪应力提高了不排水抗剪强度,而循环荷载作用导致不排水抗剪强度的降低,当在一定的循环次数内只要循环剪应变幅度不高于±3%,不排水抗剪强度的降低一般不会超过25%。而对于超固结试样,单调剪切强度不依赖于固结期间所施加的预剪应力。Yasuhara等[150]通过应力控制式的循环三轴试验和应变控制式的单调剪切试验,主要结论是:循环荷载作用下黏土的刚度衰退特性密切地依赖于单幅轴向应变或剪应变,与采用超静孔隙水压力作为评价参数相比,选择剪应变作为评价循环荷载作用下刚度衰减特性的参数更为合适。Matsui等[151,152]基于一系列单调和循环三轴试验,探讨了黏土不排水循环剪切特性,主要结论是:循环荷载作用下黏土强度与变形模量衰减的速率随着循环轴应变的增加而增长。周建等[153]针对杭州软黏土,通过应力控制式的循环三轴试验,探讨了循环应力比与超固结比等对黏土动力特性的影响,并采用临界循环应力比确定动力破坏时循环剪应力比的下限。Wang 等[154]、刘振纹[140]基于循环强度概念,通过土工试验探讨了软黏土循环强度的变化规律,同时提出了不排水条件下永久剪切应变模式,应用于软黏土地基单调荷载作用下桶形基础的循环承载力和永久变形计算中。刘海笑等[155]将改进 Hardin - Drnevich 模型引入等效线性化算法,同时考虑荷载频率、循环次数及土体平均有效应力的影响,对地基 - 基础结构耦合系统进行了动力有限元分析,着重考察了土体刚度弱化及桶土界面处土体强度软化对于结构动力响应的影响。Wang 等[156]采用离散的弹簧 - 阻尼体系替代地基土对深埋式大圆筒结构的作用,并采用 Hardin - Drnevich 双曲线模型考虑土的动力非线性性质,通过数值计算探讨了圆筒直径、埋深等因素对大圆筒式防波堤动力响应的影响。王淑云等[157]针对南海重塑粉质黏土土样进行了大量动三轴试验,得到此种土在波浪荷载作用后不排水抗剪强度衰化同动荷载引起的动应变幅及平均累积空压之间的相互关系。闫澍旺等[158,159]通过离心机试验和动三轴试验研究了波浪荷载作用下软黏土地基波浪与地基的相互作用。栾茂田、齐剑峰等[160]针对由真空抽吸制样技术所制备的饱和黏土试样,进行了大量的单调剪切与循环剪切试验,通过试验探讨了不同初始预剪应力对应力 - 应变关系的影响,并讨论了复杂应力状态下饱和黏土的破坏标准与循环强度特性,指出当初始静应力一定时,循环强度取决于由循环软化效应和应变速率效应的联合作用。Guo 等[161]探讨了海洋桩基础承受水平循环荷载作用的承载力特性。Wang 等[162]通过室内模型实验研究了桶形基础在水平动荷载作用下砂土液化效应。全伟良等[163]通过数值模拟研究了中国渤海湾 JZ20 - 2MUQ 平台的桩基础在水平循环荷载作用下的承载力特性。范庆来等[164]基于软黏土的循环强度概念,建立了软基上深埋式大圆筒结构循环承载力计算模型,研究了循环荷载作用对大圆筒结构稳定性的影响。

这些研究使我们在一定程度上认识到,通过考虑波浪荷载作用下海洋土的工程特性的循环强度变化,可以确定循环荷载作用下海洋地基循环承载力。但是海洋基础结构在正常工作中,同时要承受着多种循环荷载分量的共同作用,即变值(循环)复合加载模式,因此,探讨变值(循环)复合加载模式下地基破坏失望模式,研究变值(循环)复合加载模式下地基承载力特性,以此评价在波浪荷载的循环作用下地基的稳定性与变形。

1.4 研究目的和主要内容

通过上述对已有研究成果的分析与讨论,可以发现目前关于复合加载模式下软黏土地基上吸力式桶形基础承载性能分析的研究工作,存在下述不足之处,有待于补充、改进与完善:①吸力式桶形基础作为一种新型的海洋基础型式,主要承担上部平台传递来的竖向压力、水平荷载以及力矩等荷载,然而针对吸力式桶形基础在各种荷载单独作用下的地基破坏机制及承载力特性,尚缺乏系统地研究;②作为深海地基基础,在各种荷载组合共同作用的复合加载模型下吸力式桶形基础承载力特性,进而,建立吸力式桶形基础地基三维破坏包络面,以评价地基稳定性也是实际工程中所关心的问题。与此同时,通过考虑软黏土不排水抗剪强度的横观各向异性和非均质性,探讨复合加载模式下软黏土不排水抗剪强度的横观各向异性及非均质性与海洋地基破坏包络面之间的关系,对于吸力式桶形基础设计和施工是必要的;③对于软黏土地基上吸力式桶形基础的承载力特性研究,尚没有考察多种循环荷载共同作用的变值(循环)复合加载模式下地基失稳破坏模式及其承载性能;④吸力式桶形基础海洋采油平台结构的基础型式是多桶基础结构组合而成的,因此,深入探讨多桶基础结构在海洋环境中的整体地基稳定性是非常必要的。

因此本文拟在大型通用有限元软件 ABAQUS 平台上,针对我国第一座吸力式桶形基础海洋平台,将海洋平台及其设备产生的自重荷载与波浪、风荷载假设为静力单调荷载,建立软黏土地基上吸力式桶形基础的三维弹塑性有限元计算模型。首先,采用位移控制方法,探讨了不同荷载单调作用下单桶基础结构的地基破坏机制及承载力特性。其次,采用 Swipe 试验加载方式,探讨了不同荷载分量共同作用下的复合加载模式下软黏土地基上单桶基础结构的地基破坏机制及承载力特性,绘制地基三维破坏包络面;以此为基础,研究了倾斜荷载作用下吸力式桶形基础的破坏包络面与偏心距之间的关系。进一步,研究了软黏土不排水抗剪强度横观各向异性和非均质性对复合加载模式下吸力式桶形基础的承载力的影响。然后,基于 Andersen 提出的软黏土循环强度概念,通过考虑循环荷载所导致软黏土地基的强度弱化效应,探讨了变值复合加载模式下吸力式桶形基础的承载力以及破坏包络面与循环强度之间的关系。最后,通过考虑桶间距对于多桶基础结构的影响,探讨多桶基础结构在不同荷载分量单调及共同作用下的地基破坏机制及承载力特性。从而,为滩海及深海海洋油气田建设与开发中新型结构形式的应用提供理论依据和技术支持,也为完善海洋平台地基基础设计和施工提供参考依据。

2 吸力式桶形基础承载力有限元分析

2.1 概述

作为海洋石油平台的一种新型基础形式，吸力式桶形基础比较适宜于软土地基，这种新型的海洋结构型式在国外广泛地应用于滩海、深水海洋平台基础等海洋油气资源开发建设中，在国内也已经开始引起关注。西澳大利亚大学海洋工程基础系统专门研究中心（COFS）于 2005 年 9 月 19—21 日在 Perth 专门召开了第一届海洋岩土工程国际前沿研讨会（The First International Symposium on Frontiers in Offshore Geotechnics），邀请各国著名的海洋土力学专家，共同探讨海洋工程中的地质灾害、海底管线与新型海洋基础及结构的设计等方面的问题，会议体现了发展深水海洋岩土工程中吸力式基础分析与设计方法的紧迫性与关键性。我国国家自然科学基金委员会也于 2005 年 12 月 12—13 日，在北京邀请了国内有关专家，召开了“双清论坛”，中心议题为深海开发和利用的基础科学与关键技术，与会代表普遍认为：从保障国家的长期稳定与安全及经济的可持续发展、维护国家主权和保护资源等角度，港湾与海洋的开发利用将成为我国 21 世纪的支柱性技术产业之一。

吸力式桶形基础是一种顶端封闭的桶型结构，其最主要的特点是依靠主动形成的桶内外水压差，海水通过土中孔隙流动产生渗流，从而在桶形基础周围形成不断变化的动水应力场，沉贯过程因此得以进行[165]。然而，桶形基础在吸力下沉过程产生的桶内外土体中的渗流对沉贯过程有直接影响。国内外工程验证表明：渗流会大大降低下沉阻力，渗流又会限制沉贯阻力。过大的渗流会造成桶内土体失稳，轻则土体可产生渗流变形，形成土塞，阻碍桶基下沉，重则使桶内发生流土，破坏桶基密封条件，致使沉贯失败[166]。因此，应当深入研究沉贯过程中桶体内外的渗流场特性，以助于在设计中将桶体安装到位。

作为海洋石油平台的基础部分，吸力式桶形基础安装就位后，不仅承受上部海洋平台结构及其自身所引起的竖向荷载长期作用，而且往往还受到波浪、海流等所引起的水平荷载和力矩荷载的作用。因此，针对吸力式桶形基础承载力特性的研究，不能仅仅确定竖向荷载作用下地基的极限承载力，应全面探讨各种荷载分量作用下的地基破坏机制及其承载力特性，进而依此评价桶形基础在单调荷载作用下的地基稳定性。

2.2 计算方法与数值实施

2.2.1 有限元分析软件 ABAQUS

ABAQUS 是国际上最先进的大型通用有限元计算分析软件之一,具有广泛的模拟性能[167]。它拥有众多的单元模型、材料模型、分析过程等,可以用来分析各种领域的问题,如固体力学、岩土力学和结构力学等,特别是能够驾驭非常庞大复杂的问题和模拟高度非线性问题,在所有的商用软件中独占鳌头。正是由于 ABAQUS 优秀的分析能力和模拟复杂系统的可靠性使得它在各国的工业和研究中被广泛地采用。ABAQUS 具有如下优点[168-170]:

(1) 功能强大、使用方便。ABAQUS 是集结构、热、流体、电磁、声学等于一体的大型通用有限元分析软件,它为用户提供了广泛的分析功能,且使用起来十分简单。大量的复杂问题都可以通过选项块的不同组合很容易地模拟出来,在大部分模拟中,甚至高度非线性问题,用户只需提供一些工程数据,像结构的几何形状、材料性能、边界条件及载荷情况即可。

(2) 非线性分析功能。ABAQUS 程序可求解复杂的包括几种不同材料、承受复杂的机械及热载荷过程以及变化接触条件的非线性组合问题。非线性静态分析将荷载分解成一系列增量的荷载步,并且在每一荷载步内进行一系列线性逼近以达到平衡。类似的,在瞬态和动力非线性分析中问题可以被分解为连续的随时间变化的荷载增量,在每一步进行平衡迭代。在非线性分析中,ABAQUS 能自动选择相应载荷增量和收敛速度,不仅能够选择合适参数,而且能连续调节参数以保证在分析过程中有效地得到精确解。

(3) 丰富的单元库和材料模型库。ABAQUS 包括内容丰富的单元库,单元种类多达 433 种。它们可以分为 8 个大类,称为单元族,包括:实体单元、壳单元、薄膜单元、梁单元、杆单元、刚体元、连接元、无限元。ABAQUS 定义了多种材料本构关系及失效准则模型,如弹性模型包括线弹性、正交各向异性、黏弹性模型等;塑性模型包括扩展的 Druker - Prager 模型、Mohr - Coulomb 模型、混凝土材料模型、蠕变模型等。ABAQUS 可以模拟大多数典型工程材料的性能。

(4) 良好的开放性。ABAQUS 建立了开放的体系结构,提供了二次开发的接口,利用其强大的分析求解平台,可使困难的分析简单化,使复杂的过程层次化,设计人员可不再受工程数学解题技巧和计算机编程水平的限制,节省了大量的时间以避免重复性的编程工作,使工程分析和优化设计更快和更好,同时能使 ABAQUS

具备更多特殊的功能和更广泛的适用性。

2.2.2 ABAQUS 模块和分析步骤

ABAQUS 有两个主求解器模块：ABAQUS/Standard 和 ABAQUS/Explicit。其中 ABAQUS/Standard 提供了通用的分析能力，从线性静力分析、动力分析到复杂的非线性耦合物理场分析，ABAQUS/Explicit 采用对时间进行显式积分的动态数值模拟，提供了应力与应变分析、大变形分析及动力分析等能力，适合于冲击、爆炸等高度非线性瞬态的数值分析。ABAQUS 软件中还包含前处理模块 ABAQUS/CAE，用户可以在这个模块里建立所需要的有限元模型。ABAQUS 对某些特殊问题还提供了专用求解模块。可以认为 ABAQUS 是当前国际上功能强大的大型通用有限元分析软件之一，可以分析复杂的固体力学、结构力学系统，特别是能够有效地处理非常庞大复杂的工程科学问题和高度非线性问题[171]。

同所有的有限元计算软件一样，一个完整的 ABAQUS 分析包括三个基本步骤：前处理（pre - processing）、模拟分析计算（simulation）、后处理（post - processing）。这三个步骤的联系及生成的相关文件如图 2.1 所示。

前处理（ABAQUS/Pre）

在这个步骤中必须确定计算模型和生成一个 ABAQUS 输入文件。计算模型包括以下几个部分：一个经过离散化的连续体结构、单元划分及其性质、材料参数、荷载及和边界条件、有限元分析的种类和输出变量的要求。在前处理过程中，材料的特性被分配到结构的计算模型上，同时施加荷载和边界条件。

模拟计算（ABAQUS/Standard）

ABAQUS/Standard 是一个通用分析模块，它能求解广泛的线性及非线性问题，模拟计算通常在内存中运行。一个应力分析的算例包括输出位移和应力，并存储在二进制文件中便于进行后处理。

后处理（ABAQUS/Post）

后处理不仅可以以文本的格式输出变形前后的应力、应变、载荷幅度等数据，还可将数据文件的表格形式转换为不同方式显式的图形，包括绘制变形图形、等值线图形、动画和 X - Y 图形。

2.2.3 ABAQUS 中材料非线性问题求解方法

结构静力平衡的基本判据是结构内力 I 与外力 P 必须平衡，即。ABAQUS/Standard 采用 Newton - Raphson 迭代算法获得非线性问题的解答。

首先将模拟问题划分为若干个分析步（Step），每一个分析步包含若干个荷载增量步（Increment），每一个增量步需要采取若干次迭代（Iteration）才能获得一个在

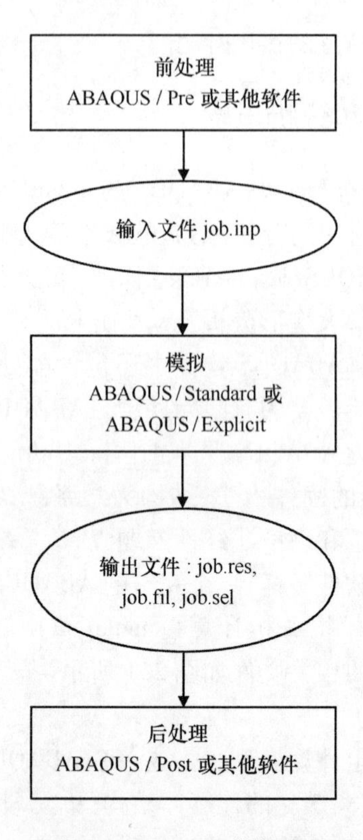

图 2.1　ABAQUS 分析过程

规定误差范围内的近似数值解。实际上 ABAQUS/Standard 采用了有限元分析中典型的增量迭代法。如图 2.2 所示，当结构受到一个微小的荷载增量 ΔP 作用时，ABAQUS 用与初始结构位移 u_0 相对应的初始刚度矩阵 K_0 和荷载增量 ΔP 计算出结构在这一步增量后的位移修正量 c_a 和修正后的位移值 u_a 及其所对应的当前刚度矩阵 K_a。ABAQUS 在新的构形 u_a 下计算结构的内力 I_a，荷载 P 和 I_a 之差为迭代后的残余力 R_a，即如果 R_a 大于规定的残余力的容许误差，则 ABAQUS 将自动继续进行迭代。在下一次迭代中，ABAQUS 用当前刚度矩阵 K_a 和上一次迭代后的残余力 R_a 进行计算，得到一个新的位移修正值 c_b（$c_b = u_b - u_a$），在更新的构形 u_b 下计算结构内力 I_b，得到第二次迭代时的残余力 R_b（$R_b = P - I_b$）。如果 R_b 小于规定的残余力的误差（ABAQUS 默认为"平均力"的 0.5%），同时位移修正值 c_b 与总的增量位移 Δu_b（$\Delta u_b = u_b - u_0$）之比小于某一个容许值（ABAQUS 默认为 1%），则认为此时系统达到平衡状态，迭代结束，否则继续进行迭代，直至达到收敛标准为止。

在 ABAQUS 中提供了有效的自动划分时间步长的算法，根据迭代所得到的最大残余力自动调整荷载增量的大小。ABAQUS 中缺省设置是，如果在一个增量值

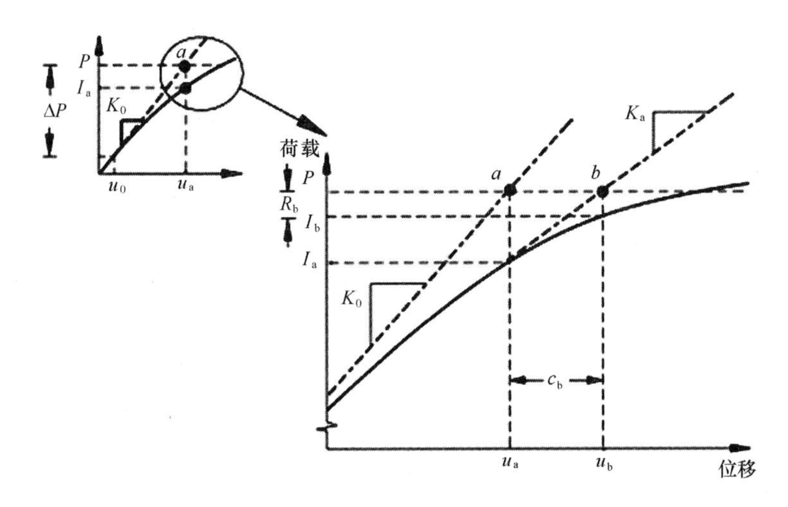

图 2.2　一个荷载增量步中的迭代过程

的作用下，迭代 16 次以后结果仍然不收敛或者结果出现发散，ABAQUS 将放弃当前增量步，把增量值取为前一次增量值的 25% 重新计算，直至找到一个收敛解。为了避免过多迭代，ABAQUS 允许一个增量步中最多出现 5 次增量减小，否则就会中断分析。在这个过程中，如果时间步长小于规定的最小时间步长，则 ABAQUS 也会认为结果不收敛，整个分析过程结束。如果 ABAQUS 在连续两个增量步只需小于 5 次迭代，就找到收敛解，ABAQUS 将自动把时间步长增加 50% 继续进行后续计算[172,173]。

2.2.4　ABAQUS 中接触非线性问题求解方法

在有限元方法中处理接触非线性问题通常有两种途径，一种是通过在两种接触的介质之间建立接触面单元，通过接触面单元的特殊本构关系模拟界面上的力学特性，目前在实际中得到广泛采用的界面单元主要有 Goodman 无厚度接触面单元和 Desai 薄层单元等[26]；另一种方法是直接通过定义不同介质之间接触界面(Master - Slave Surface)上的力学传递特性，建立接触面力传递的力学模型和接触约束条件，通过 Lagrange 乘子法或罚刚度方法等接触算法求解接触约束方程。在 ABAQUS 中，采用了第二种方法模拟不同介质之间界面上的相互作用效应，称为摩擦接触对(Contact Pair)算法[174,175]。

接触界面的非线性效应来源于两个方面：①接触界面的区域大小和相互位置及接触状态不仅事先是未知的，而且随着时间而发生变化，需要在求解过程中确定。②接触条件的非线性，包括：接触物体不可相互侵入，接触力的法向分量只能是压应力及切向接触的非线性摩擦条件,这些条件都是单边性的不等式约束,具有强烈的非线性特征。

关于接触面法向相互作用效应,当两个接触面相互接触时,即界面之间接触间隙为0,法向接触力通过主从面之间所建立的接触约束条件相互传递,当接触面发生分离时,即接触压力变为0或为拉力时,接触面之间的接触约束将会自动取消,此时界面上摩擦力消失。这种界面之间的相互作用称为“硬”接触(Hard Contact),通过这种设置,可以模拟允许吸力式桶形基础受荷一侧的桶体表面与相邻土层之间可能发生脱离、形成裂缝等非线性过程。在数值分析中,通常选取刚度大的结构表面作为主面,将土体表面作为从面。

关于接触面切向相互作用效应,采用下述Coulomb摩擦定律描述接触面之间的摩擦特性:

$$\tau_{crit} = \mu p \tag{2.1}$$

式中,μ 为界面的摩擦系数,p 为界面上的法向接触压力。当切向应力小于临界值 τ_{crit} 时,接触面之间处于黏结状态;当切向应力达到临界值 τ_{crit} 时,接触面之间就会发生相对滑动。接触面从黏结状态转变为滑动状态而产生的不连续性往往导致有限元计算的不收敛,为了解决这个问题,ABAQUS采用罚刚度方法,引入了一个“弹性滑动”的罚刚度函数因子,允许处于黏结状态的接触面之间可以发生非常微小的“弹性相对滑动”,如图2.3所示。

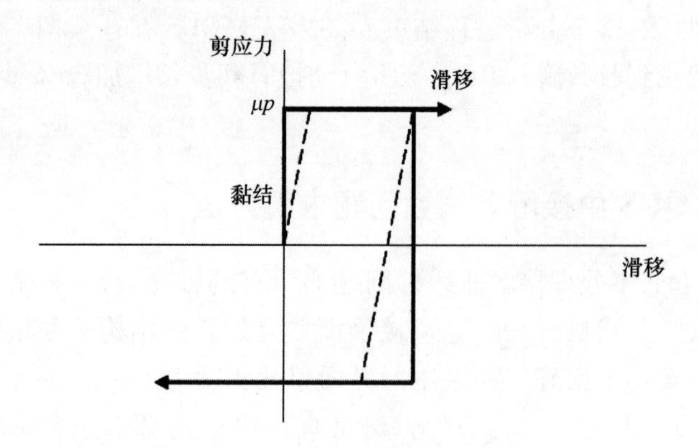

图2.3　接触面切向摩擦特性

而ABAQUS/Standard中的接触算法[167],采用Newton－Raphson方法进行非连续迭代计算。在每一载荷增量步开始时检查所有接触相互作用的状态,以建立从属结点的“开”与“闭”状态。其中 p 代表从属结点上的接触压力,若 $p<0$ 表示点由闭合至脱开状态;而 h 代表从属结点侵入主控表面的距离,若 $h<0$ 表示点由脱开至接触状态。ABAQUS/Standard对每个闭合结点施加一个约束,而对那些改变

接触状态从闭合到脱开的任何结点解除约束,然后进行迭代,并利用计算的修正值更新模型的构形,若在当前的迭代步中发现接触状态的变化,则标识为严重不连续迭代,再进行下一次迭代,直到完成迭代且不改变接触状态,同时尚需完成平衡(力与位移)收敛检验。若收敛失败,则调整荷载增量步,重新进行接触判断与迭代,直至收敛为止[168],如图 2.4 所示。

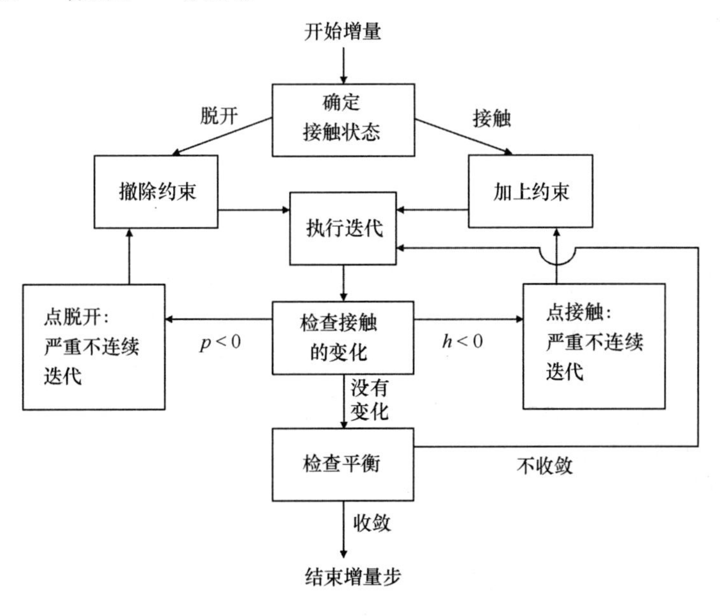

图 2.4 接触算法

2.3 吸力式桶形基础有限元计算模型

作为海洋平台的基础型式,地基与海床土体之间的接触问题是研究海洋环境下地基稳定性的关键所在。通过研究比较,可以将地基与海床土体之间的关系简化为以下四种情况,如图 2.5 所示。其中,第一种地基与海床土体之间只存在底面摩擦作用,适用于浅海海洋基础型式的研究;第二种地基完全埋入海床土体内部,地基上下表面与海床土体之间存在摩擦作用,这种基础型式适用于抛锚等深海海洋基础型式的研究;第三种地基底部及其外侧表面与海床土体之间存在接触问题,这种基础型式适用于桩基础等海洋基础型式的研究;第四种地基内外表面都与海床土体之间存在接触问题,这种基础型式适用于吸力式基础等海洋基础型式的研究[176]。而吸力式桶形基础属于第四种地基基础型式,因此,如何考虑桶体结构与桶体内外土体之间的接触特性是研究吸力式海洋基础承载力特性的一个关键技术问题。

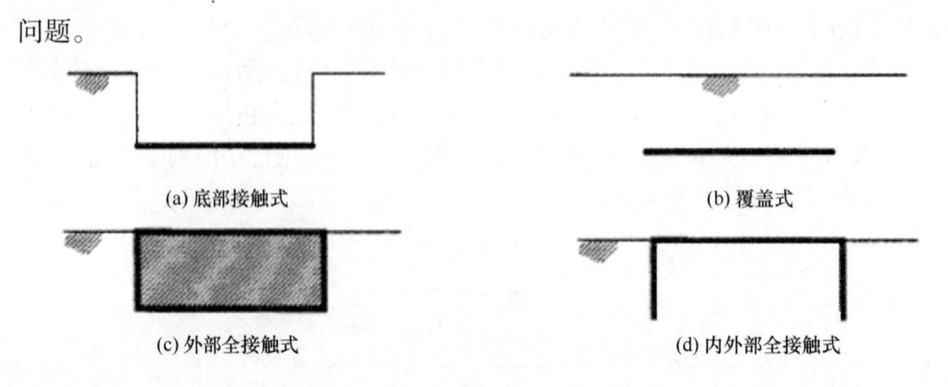

图 2.5　地基与海床土体之间的关系

吸力式桶形基础在承受各种荷载作用时，桶体与土体的黏结与脱离、相对滑移等接触状态依赖于加载过程，是一个渐进发展的过程。因此，基于大型通用有限元分析软件 ABAQUS，采用主动 - 被动面接触算法，选取刚度大的桶体表面为主动面，土体表面为被动面，界面滑动摩擦系数取为 μ。按照接触算法，被动面的节点不能侵入主动面，而主动面的节点可以侵入被动面。当两个面接触在一起且产生相对滑动趋势或者相对滑动时，接触面上的法向接触应力与剪切摩擦力服从 Coulomb 摩擦定律。当接触面上的剪应力小于 Coulomb 极限摩阻力时，则不会产生相对滑动而处于黏结状态；当接触面上的剪应力大于极限摩阻力时，则产生相对滑动而产生脱离[167]。

2.3.1　吸力式桶形基础有限元计算模型

我国第一座吸力式桶形基础海洋石油平台——CB20B 平台，是由 4 个桶基导管架组成的海洋石油平台，如图 2.6 所示。工作水深为 8.9 m，桶直径 $D = 4.0$ m，桶高 $H = 4.4$ m（埋深 $L = 4.0$ m），桶壁厚 $t = 20$ mm，桶间距 $l = 13.2$ m[177]。桶体结构采用线弹性本构模型，弹性常数分别取为 $E = 2.1 \times 10^5$ MPa，$v = 0.125$。而对于软黏土地基，采用基于 Mises 破坏准则的理想弹塑性本构模型，考虑到海洋土长期处于饱和状态，采用不排水总应力分析方法，假定软黏土的容重 = 6.0 KN/m^3，泊松比取为 $v = 0.49$，不排水抗剪强度取为 $S_u = 6.0$ KPa，变形模量近似地与其不排水抗剪强度成比例，即 $E = 500\ S_u$[178]。

采用 3 维 20 节点缩减积分实体单元进行单元划分。对于单个桶体结构，考虑到结构与地基耦合体系几何形状与加载条件的对称性，只取结构、地基耦合体系的一半进行有限元分析，从而降低了计算费用。在有限元模型的底面边界上约束三个方向的自由度，在侧面边界上约束 x、y 方向上的自由度，在对称面边界上只约束

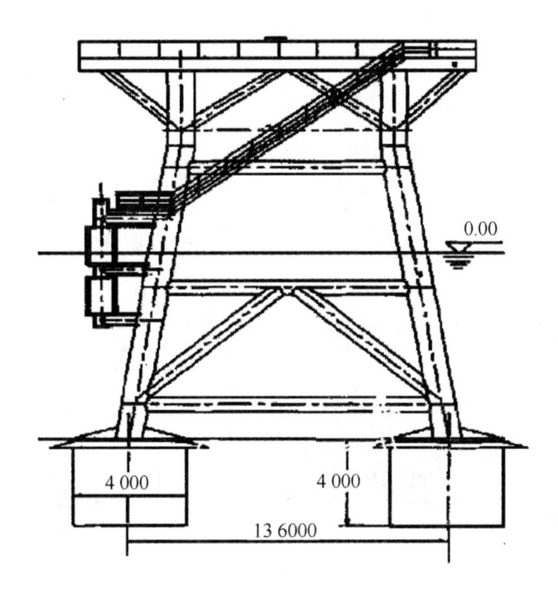

图 2.6 CB20B 桶形基础平台结构参数

y 方向自由度,如图 2.7 所示,其立面图和俯视图如图 2.8 所示,其中桶体直径 $D=4.0$ m,桶体埋深 $L=4.0$ m。为了便于有限元网格的剖分,地基区域取为圆柱形,区域的水平方向的半径大约取为桶形基础直径的 10 倍,深度方向上大约取为桶形基础结构埋深的 6 倍,经过试算,这样的区域基本上可以消除边界效应对于计算结果的影响。

2.3.2 有限元计算分析方法

在采用弹塑性有限元数值计算方法确定极限荷载时,一般通过荷载控制方法或位移控制方法进行加载。与荷载控制方法相比,位移控制方法往往能较准确地得到基础的荷载-位移之间关系。当荷载-位移曲线的斜率接近 0 时,意味着在荷载不变的情况下基础位移在持续地增大,因而可以认为此时地基达到了极限平衡状态。与极限平衡状态相对应的荷载就是地基的极限承载力[139]。这里采用位移控制法逐步施加位移,其位移作用点在桶体轴线的顶部,如图 2.9 所示,确定相应的荷载,由此得到地基的荷载-位移关系曲线,直到曲线的斜率接近于 0,按照理想塑性流动概念,此时所对应的荷载可作为桶形基础的极限承载力。

2.3.3 确定地基极限承载力的标准

桶形基础地基极限承载力可以依据计算得到的荷载-位移曲线确定。对于计

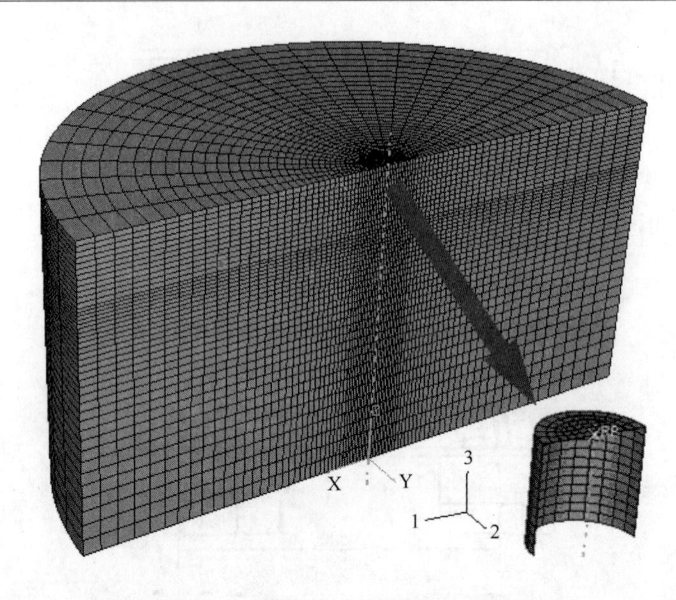

图 2.7　软基上桶形基础有限元模型

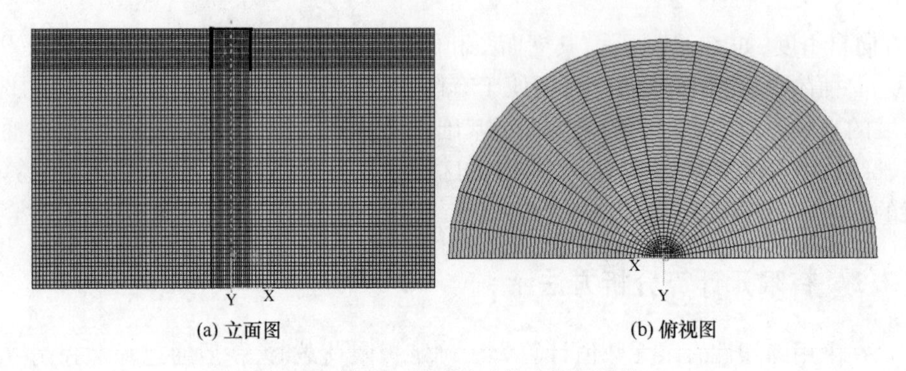

(a) 立面图　　(b) 俯视图

图 2.8　软基上桶形基础的有限元网格

算所得的荷载 - 位移曲线，可分为两种典型情况，即陡变型和缓变型。在陡变型曲线中，存在明显的第二拐点，可将该拐点对应的荷载作为地基的极限承载力；而在缓变型曲线中，没有明显的第二拐点，这时需根据沉降量确定地基的极限承载力。

对于竖向极限承载力，Hesar、Vesic 等[179,180]认为软土地基上浅基础破坏时的沉降量约为基础宽度的 3% ~7%，针对饱和软黏土地基上吸力式桶形基础，将竖向位移达到 0.1D(D 为桶直径)时对应的竖向荷载，确定为软黏土地基上单桶基础的竖向极限承载力。对于水平极限承载力，Hesar 等[179]建议桶形基础的水平破坏形式可以参考整体刚性短桩的破坏，按照破坏时基础上的最大水平位移量达到基础宽度的 3% ~6% 作为水平位移破坏标准。在以下的计算中，参考刚性短桩的破

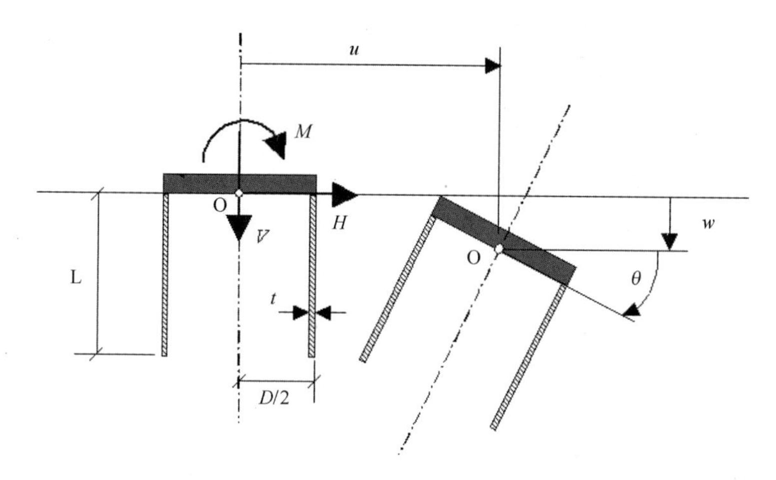

图 2.9 作用在桶形基础上的荷载和位移

坏标准，按照单桶基础顶部边缘处沿加载方向的最大水平位移量达到 0.1D（D 为桶直径）时对应的水平向荷载确定其水平极限承载力[10]。而对于力矩极限承载力，本文研究可知，按照单桶基础顶部所施加的最大转角达到 0.05 弧度时对应的力矩方向荷载确定其力矩极限承载力。

2.3.4 荷载位移标记方法

本文所施加和计算所得到的荷载位移均按照 Butterfield[181] 所规定的右手准则和顺时针法则评判。则荷载位移标记方法分别如表 2.1、表 2.2 所示。

表 2.1 荷载标记方法

荷载	无量纲值（承载力系数）	归一化值
H	$N_H = H/AS_{u0}$	$h = H/H_{ult}$
V	$N_V = V/AS_{u0}$	$v = V/V_{ult}$
M	$N_M = M/ADS_{u0}$	$m = M/M_{ult}$

下标"ult"表示极限承载力；A、D 分别为桶形基础底面面积和直径；S_{u0} 为软黏土的初始不排水抗剪强度。

表 2.2 位移标记方法

位移	无量纲值	归一化值
h	h/D	h/D
v	v/D	v/D
θ	$2R/D$	$2R/D$

2.3.5 桶土相互作用的模拟

在 ABAQUS 分析中，桶形基础外壁、桶体底面与周围土体之间及桶形基础内壁、顶盖内侧与土塞之间的摩擦力采用 Coulomb 摩擦定律，其求解公式为式(2.1)。Randolph 等[182]认为桶壁与土之间的摩擦力与土的不排水抗剪强度有关，可以表示为

$$\tau = KS_u$$
$$S_u = \alpha(OCR)^{\beta}\sigma'_v$$
$$\sigma'_v = \frac{\sigma'_h}{k_0}$$
$$\mu = \frac{K\alpha(OCR)^{\beta}}{k_0} \tag{2.2}$$

式中，S_u 为不排水抗剪强度；OCR 为超固结比；σ'_v、σ'_h 分别为竖向、水平有效应力；k_0 为侧限压力系数；α、β 为经验系数；K 为应力转换系数[10]。

针对桶体与黏土界面的摩擦系数，考察了 $\mu=0.1\sim1.0$ 等 10 种情况对桶形基础极限承载力的影响。图 2.10 给出了长径比 $L/D=1$ 的桶形基础极限承载力与摩擦系数 μ 之间的关系。由图可知，当 $\mu\geqslant0.5$ 时，桶形基础的水平、竖向以及力矩极限承载能力随着摩擦系数的增加发生陡降并趋于不变。因此，本文建立桶形基础有限元计算模型及计算分析过程中，桶形基础桶壁与土体之间的摩擦系数可以考虑选取为 $\mu=0.5$。这与范庆来[178]、王志云[183]所得到的结论是一致的。

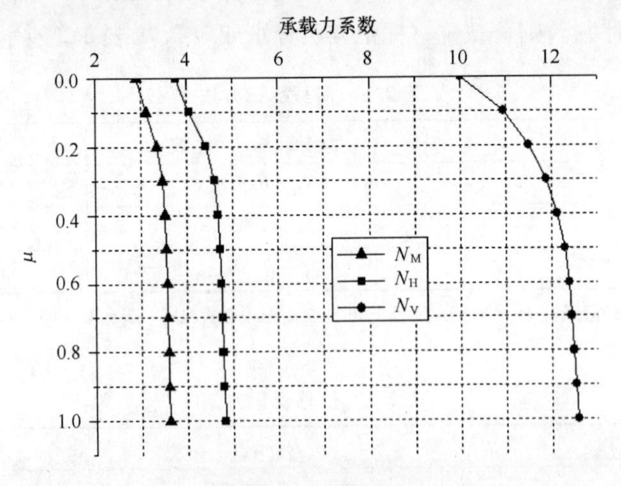

图 2.10 摩擦系数对基础极限承载力的影响($L/D=1$)

2.4 有限元计算模型的实验验证

为了论证上述有限元计算模型的合理性,这里针对张伟[16]所进行的吸力式桶形基础模型实验进行了具体的数值计算与对比分析。

表 2.3 吸力式桶形基础模型规格[16]

模型代号	材质	桶形基础尺寸(mm)		
		壁厚	直径	高度
D1	有机玻璃	10	500	800
D2	钢	3	500	500
D3	钢	3	500	800
D4	钢	3	500	500
D5	钢	3	500	300
D6	钢	3	1600	1000
D7	钢	3	300	500

模型实验中吸力式桶形基础的规格如表 2.3 所示。实验中采用室内土模型、室外土模型以及现场试验土模型三种,其物理力学参数如表 2.4 所示。

表 2.4 三种土模型物理力学参数[16]

土模型 深度(m)	含水量 ω(%)	锥尖阻力 q_c(kPa)	侧摩阻力 Fs(kPa)	容重 γ(kN/m^3)	黏聚力 C(kPa)	内摩擦角 φ(°)	液性指数 I_L
室内 0~8	57.6	3.5	0.8	7.1	2.83	1.51	
室外一 0~1.0	45.6	11.5		8.8	5.02	3.72	
室外二 0~1.0		3.4					
海滩 0-1.0	38.6			8.3	5.50	1.47	0.82

在实验中位移与沉降采用电子位移计 DSB-25,垂直与水平荷载量测采用拉压力传感器,通过静力荷载测试仪 JCQ502 自动记录。由于桶形基础在国内外属开创性课题,目前对这种基础的承载力测试方法尚无规范可循,因此试验过程中将桶和桶内土看做一个整体共同承载,则依据国标 GBJ7-89 和国家建工总局标准 JGJ4-80 的有关规定进行测试。其中模型的竖向承载力采用慢速维持加荷法,水

平承载力采用单循环连续加载法。张伟没有给出软黏土的变形模量，这里人为地假定为 $E=500S_u$，界面的摩擦系数取 $\mu=0.5$。

采用位移控制方法，分别计算了桶形基础在竖向荷载、水平荷载作用下的极限承载力，并与模型实验结果进行了对比分析。表2.5给出了有限元计算所得到的极限承载力与实验实测值之间的对比关系。由此可知，有限元计算与模型实验结果两者吻合较好，在各种工况下，误差比较小，大概在10%以内，由此表明了本文所建立的有限元计算模型与计算参数取值的合理性。

表2.5 桶形基础极限承载力有限元计算值与实测值之间的对比

模型代号	竖向极限承载力			水平极限承载力		
	实测值(kN)	计算值(kN)	相对误差(%)	实测值(kN)	计算值(kN)	相对误差(%)
D1				1.1	1.18	7.27%
D2	15.0	16.25	8.3%			
D3				1.65	1.76	6.67%
D4				1.2	1.29	7.5%
D5	3.25	3.49	7.38%	1.0	1.06	6.0%
D7	4.5	4.78	6.23%	0.5	0.543	8.6%

2.5 结论

基于大型通用有限元分析软件ABAQUS，针对滩海吸力式桶形基础结构，建立了三维弹塑性有限元计算模型，采用位移控制法，开展吸力式桶形基础在不同荷载单独作用下的失稳破坏模式与极限承载力特性，并且通过具体算例比较验证了该方法的合理性与准确性。

3 单调荷载作用下单桶基础极限承载力有限元数值分析

采用位移控制方法，以我国第一座吸力式桶形基础海洋石油平台的单桶基础，即长径比 $L/D=1(L=D=4\ \mathrm{m})$ 的桶形基础为例，分别在桶体顶部施加竖向位移、水平位移和转角，以此确定均质软黏土地基上单桶基础结构在竖向荷载、水平荷载以及力矩荷载单独作用下的破坏机制及其极限承载力特性。

3.1 竖向极限承载力的有限元数值分析

3.1.1 竖向荷载作用下单桶基础结构的破坏机制

图 3.1 给出了竖向荷载作用下单桶基础的地基破坏机制和等效塑性应变分布。由图 3.1(a)可知，桶形基础底部形成连贯的勺形破坏区；由于桶体下沉使桶体与地基接触区域产生较大剪切破坏，从而造成桶形基础桶体两侧与地基土接触区域破坏较大；由于竖向荷载的作用，桶形基础顶部两侧与土体接触区域产生裂缝。由图 3.1(b)可以更明显地看到，桶形基础在桶底形成勺形破坏区域，桶体两侧与地基土接触区域产生较大的剪切破坏，从而导致桶体外侧与土体分离。

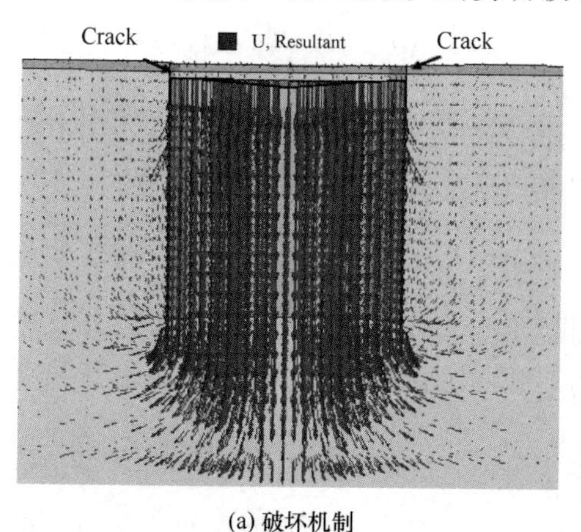

(a) 破坏机制

(b) 等效塑性应变

图 3.1 竖向荷载作用下单桶基础的破坏机制和等效塑性应变分布

3.1.2 竖向极限承载力

图3.2给出了单桶基础在竖向荷载单独作用下所得到的归一化荷载与位移之间的关系。由图可知,当归一化位移达到0.1v/D时,桶形基础在竖向荷载单独作用下的归一化荷载与位移曲线呈现线性增长;而当归一化位移超过0.1v/D时,随着位移量的增加,桶形基础在竖向荷载单独作用下的归一化荷载基本无显著变化,即桶形基础在竖向荷载单独作用下的归一化荷载与位移曲线的斜率接近于0,此时所对应的归一化荷载即为单桶基础的承载力系数,即单桶基础的竖向承载力系数为12.24。

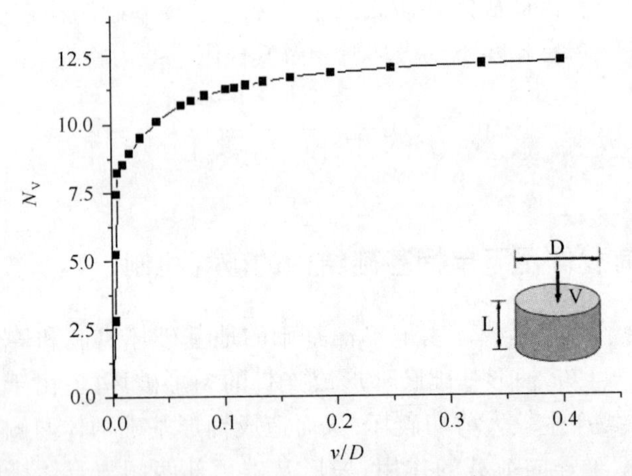

图3.2 计算所得到的归一化竖向荷载—位移关系

对于海洋基础地基竖向极限承载力,Vesic[73]建议了如下经验计算公式:

$$V_{ult} = \xi_s \xi_d N_c A S_u \tag{3.1}$$

式中A为桶形基础的底面积,S_u为软黏土完全不排水抗剪强度,$N_c = 2 + \pi$为不排水土体的承载力系数,$\xi_s = 1.2$为圆形基础承载力的形状修正系数,$\xi_d = 1 + 0.4\arctan\left(\frac{L}{D}\right)$为基础承载力的埋深修正系数,$L/D$为桶形基础长径比。然而公式(3.1)没有考虑软黏土黏聚力的作用,因此,Deng与Carter[184]针对公式(2.10)进行了修正,考虑了软黏土黏聚力的影响,给出了吸力式沉箱抗拔力的经验计算公式:

$$V_{ult} = N_p \xi_s \xi_{ce} A S_u \tag{3.2}$$

式中$N_p = 9$为抗拔力系数,$\xi_{ce} = 1 + 0.4(L/D)$为吸力式沉箱埋深影响系数。进而,以Vesic[73]地基竖向承载力计算公式为基础,将Deng与Carter[184]针对吸力式沉箱抗拔力求解方法运用到吸力式单桶基础抗压承载力计算中，并考虑到土体与桶壁之间的黏结作用 πLDS_u，则可以将单桶基础的竖向极限承载力表示成：

$$V_{ult} = \left(4\frac{L}{D} + \xi_s\xi_d N_c\right)AS_u \tag{3.3}$$

针对长径比为 $L/D = 1.0$ 的单桶基础结构，将有限元计算结果与以上理论求解公式进行对比分析，如表 3.1 所示。

表 3.1　单桶基础竖向极限承载力计算结果

		竖向承载力系数
理论计算公式	太沙基公式	9.84
	迈耶霍夫公式	8.90
	汉森公式	15.32
	API 半经验公式	12.56
	式(3.1)	8.11
	式(3.2)	15.12
	式(3.3)	12.12
有限元计算结果		12.24

由表可知，与有限元计算结果相比较，太沙基公式、迈耶霍夫公式、式(3.1)所得到的计算结果对于桶形基础竖向承载力计算偏于不安全；汉森公式、API 半经验公式、Deng 与 Carter[184] 所提出的方法对于单桶基础结构抗压承载力计算偏高；而本文改进后的单桶基础结构竖向承载力经验计算公式(3.2)与有限元计算结果基本一致。

3.2　水平极限承载力的有限元数值分析

3.2.1　水平荷载作用下单桶基础结构的破坏机制

图 3.3 给出了水平荷载作用下单桶基础的地基破坏机制和等效塑性应变分布。由图 3.3(a)可知，桶体内部形成了明显的球形旋转破坏面，且旋转中心大约位移于桶体埋深的 2/3 处；桶体前侧土体被挤压隆起形成被动侧破坏楔体，而桶体后侧与土体产生分离形成裂缝，裂缝深度接近旋转中心。由图 3.3(b)可以更明显地看到，桶形基础是绕着泥面以下、桶底以上的某一点发生转动而失稳的，桶体底部形成勺形破坏区域，桶体前后两侧分别形成被动、主动楔形破坏区域，这与施晓

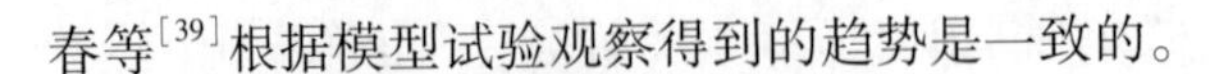
春等[39]根据模型试验观察得到的趋势是一致的。

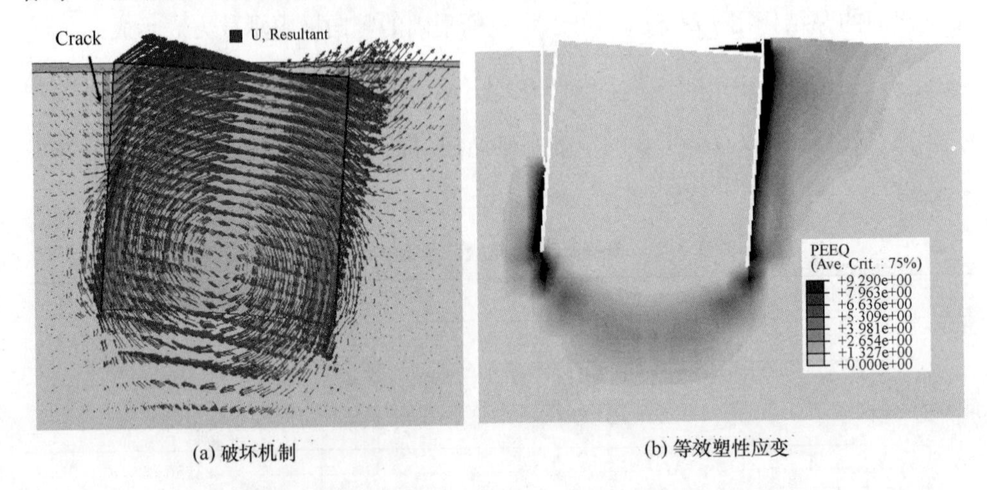

图 3.3　水平荷载作用下单桶基础的破坏机制和等效塑性应变分布

进一步,图 3.4 给出了在水平荷载作用下不同长径比(L/D)单桶基础所对应的旋转中心位置。由图可知,随着桶形基础结构埋深的增大,即随着桶形基础长径比(L/D)的增加,桶形基础在水平荷载作用下的旋转中心位置不断下移,但是旋转中心位置基本保持在埋深的 2/3 处。这与前面分析的结论基本一致。

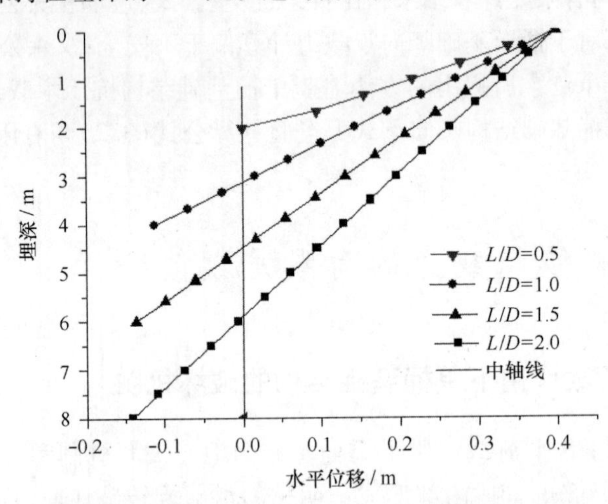

图 3.4　不同长径比(L/D)的单桶基础在水平荷载作用下的旋转中心位置

3.2.2 土压力分布

在水平荷载作用下,单桶基础结构桶体外侧与地基土接触区域产生主、被动区域,由此产生土压力分布。根据有限元计算结果,可以将接触面上的法向压力作为地基上作用在桶体内外壁上的土压力,进而与已有的一些模型试验结果进行定性的对比,考察桶体内外壁上土压力分布规律,同时可以进一步阐明软黏土地基上吸力式桶形基础结构在水平荷载作用下的失稳机制与传统的重力式结构的差异。图3.5给出了不同水平荷载下桶形基础桶体内外壁土压力分布,其中 H/H_{ult} 表示所施加的不同水平荷载与极限承载力的比值。由图可知:① H/H_{ult} 值的变化对桶体外壁前后侧土压力的影响要比桶体内壁前后侧土压力显著。②桶体外壁前侧土压力在接近桶底之前随着 H/H_{ult} 值的增加而增大,然而在接近桶底部时,由于土压力从

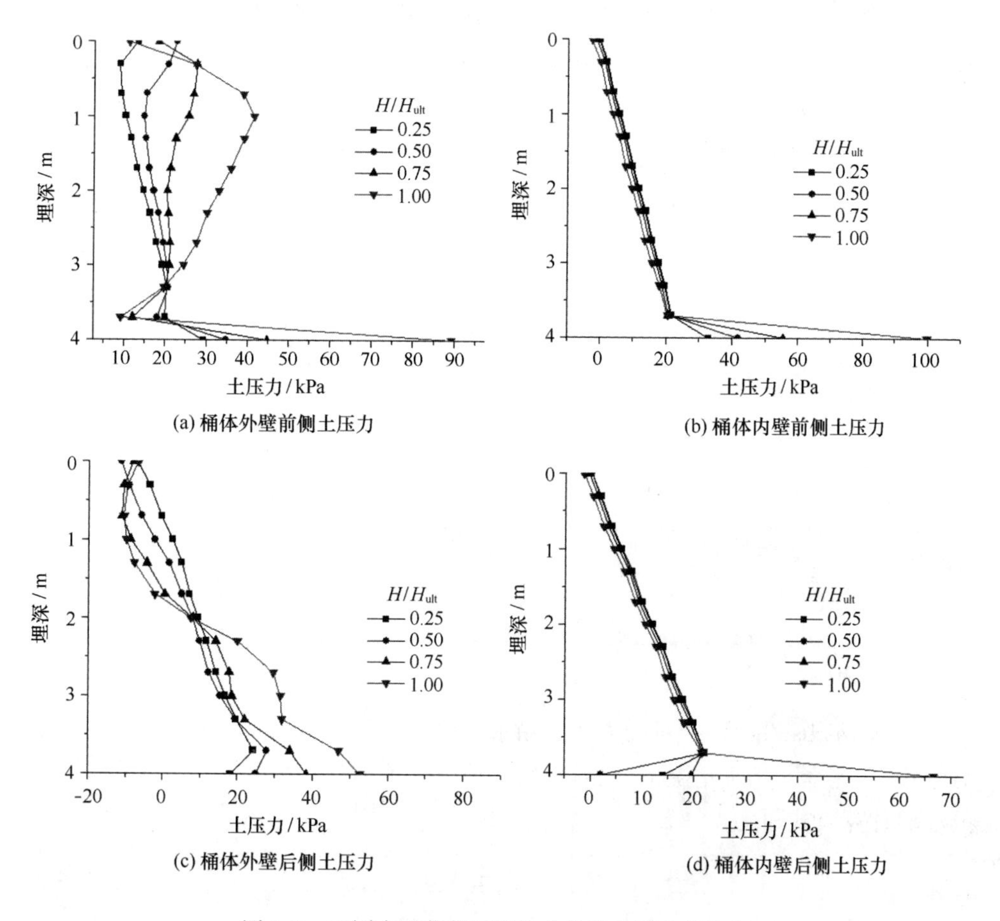

图 3.5 不同水平荷载下桶体内外壁土压力的分布

被动土压力转为主动土压力,导致土压力先减小后增大。如图 3.5(a)所示。③桶体内壁前侧和后侧土压力随着水平荷载的增加而变化并不显著,只在桶体底部才有所改变,如图 3.5 (b)、3.5(d)所示。④当水平荷载增大到一定程度时,桶体外壁与地基土接触区域产生裂缝,从而造成桶外壁外侧土压力降低;而在接近旋转中心处以下,土压力随着水平荷载的增加而增大,如图 3.5(c)所示。

3.2.3　水平极限承载力

图 3.6 给出了单桶基础结构在水平荷载单独作用下所得到的归一化荷载与位移之间的关系。由图可知,当归一化位移达到 0.1h/D 时,桶形基础在水平荷载单独作用下的归一化荷载与位移曲线呈现线性增长;而当归一化位移超过 0.1h/D 时,随着位移量的增加,桶形基础在水平荷载单独作用下的归一化荷载基本无显著变化,即桶形基础在水平荷载单独作用下的归一化荷载与位移曲线的斜率接近于 0,此时所对应的归一化荷载即为单桶基础的承载力系数,即单桶基础的水平承载力系数为 4.78。

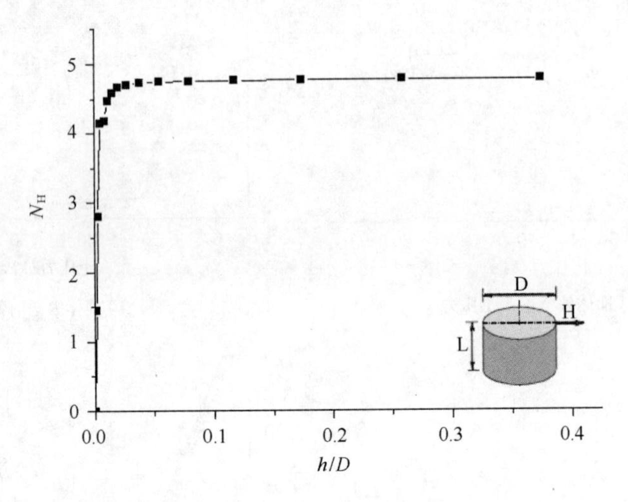

图 3.6　计算所得到的归一化水平荷载－位移关系

依据 Taiebat 等[185]针对吸力式沉箱水平极限承载力计算公式和本文有限元计算结果:在完全不排水情况下,均质软黏土地基上单桶基础结构的水平极限承载力的经验计算公式写为

$$H_{ult} = \frac{4}{\pi}\frac{L}{D}N_h A S_u \tag{3.4}$$

式中 N_h 为水平承载力系数。

基于公式(3.4)及有限元计算方法,对于长径比 $L/D=1.0$ 的单桶基础结构,本文有限元计算所得的 $N_h=4.0$,Deng 与 Carter[184] 计算所得的 $N_h=4.8$,Aubeny 等[44]采用简化的塑性极限分析模型所得到的吸力式沉箱上限解 $N_h=4.5$。由此可知,采用 Taiebat 等[185]所提出的水平极限承载力计算方法偏于安全。

3.3 力矩极限承载力的有限元数值分析

3.3.1 力矩荷载作用下单桶基础结构的破坏机制

图 3.7 给出了力矩荷载作用下单桶基础的破坏机制和等效塑性应变分布。由图可知,桶形基础在力矩荷载作用下产生的地基破坏模式与水平荷载作用下地基的破坏模式相似,即桶体内部形成以桶体内部某点为旋转中心的球形旋转破坏面,桶体前侧土体被挤压隆起形成被动侧破坏楔体,而桶体后侧与土体产生分离形成裂缝,形成主动楔形破坏区域。由此可知,力矩荷载与水平荷载对于桶形基础地基破坏的作用效果是相似的。

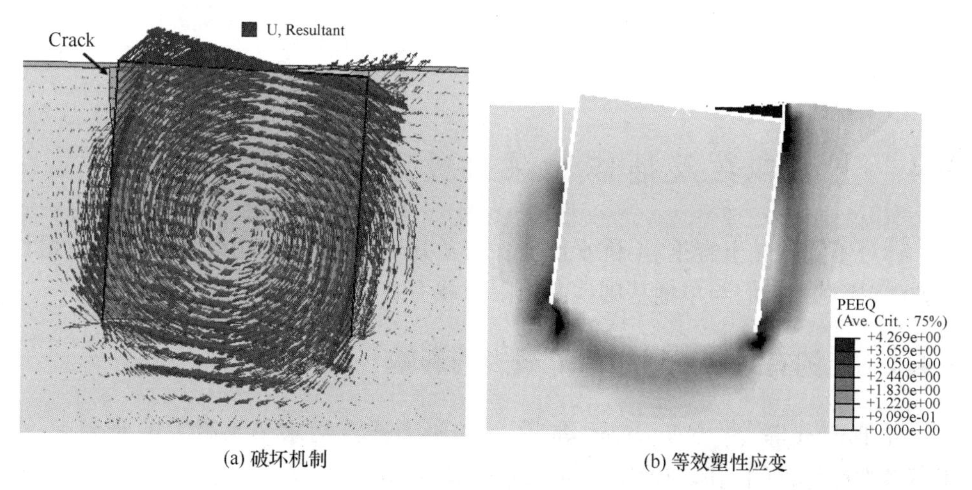

图 3.7 力矩荷载作用下单桶基础的破坏机制和等效塑性应变分布

3.3.2 力矩极限承载力

以长径比 $L/D=1$ 的单桶基础结构为例,图 3.8 给出了单桶基础在力矩荷载单独作用下所得到的归一化荷载与转角之间的关系。由图可知,当归一化转角达到 $0.05\times(2R\theta/D)$ 时,桶形基础在力矩荷载单独作用下的归一化荷载与转角曲线呈现线性增长；而当归一化转角超过 $0.05\times(2R\theta/D)$ 时，随着转角的增加，桶形基础在力矩荷载单独作用下的归一化荷载基本无显著变化，即桶形基础在力矩荷载单独作用下的归一化荷载与转角曲线的斜率接近于 0，此时所对应的归一化荷载即为单桶基础的承载力系数，即单桶基础的力矩承载力系数为 3.54。

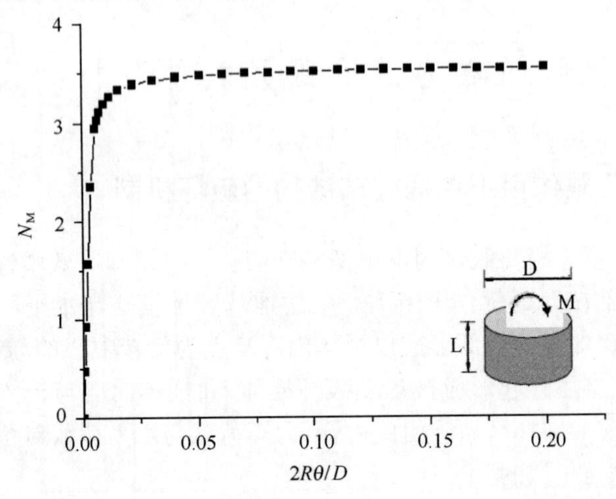

图 3.8 计算所得到的归一化荷载一位移关系

3.4 土性参数及桶体埋深对极限承载力的影响

针对不同软黏土容重、不排水抗剪强度及其桶体埋深，采用以上有限元数值计算方法，探讨了它们与单桶基础地基极限承载力之间的关系。

3.4.1 土的有效容重对极限承载力的影响

在 Taiebat 等[185]、Sukumaran 等[186]关于吸力式沉箱水平承载力的研究中，由于不考虑桶体外侧土体与桶壁界面之间的裂缝，从而导致地基土体的有效容重对于极限承载力几乎没有影响。针对相同的不排水抗剪强度 $S_u=6.0$ kPa，考虑桶体外侧土体与桶壁界面之间的裂缝，探讨土的有效容重 γ' 对于软黏土地基上单桶基础结构的极限承载力的影响。计算结果如表 3.2 所示。

表 3.2　单桶基础承载力系数与土的有效容重的关系

土性参数		N_H			N_V			N_M		
		$L/D=1.0$	$L/D=2.0$	$L/D=3.0$	$L/D=1.0$	$L/D=2.0$	$L/D=3.0$	$L/D=1.0$	$L/D=2.0$	$L/D=3.0$
γ' (KN/m³)	3.0	4.46	8.17	13.38	11.57	18.21	28.36	3.42	12.27	31.46
	4.5	4.61	8.68	14.51	12.00	18.87	31.12	3.49	12.75	32.04
	6.0	4.78	9.12	15.47	12.24	19.88	33.09	3.54	13.14	33.44
	7.5	4.89	9.52	16.30	12.54	21.17	33.28	3.59	13.47	34.54
	9.0	5.02	9.88	16.90	12.82	21.69	33.35	3.62	13.74	35.44

由表3.2可知:①针对相同长径比(L/D)的单桶基础结构,土的有效容重γ'对桶形基础的水平、竖向和力矩的极限承载力影响并不显著。②针对相同土的有效容重γ',桶形基础的长径比(L/D)对桶形基础的水平、竖向和力矩的极限承载力影响显著。由此可知,土的有效容重γ'对桶形基础的极限承载力影响并不显著,这与范庆来[178]、王志云[183]所得到的结论基本一致。

3.4.2　软黏土的不排水抗剪强度对极限承载力的影响

土的不排水抗剪强度因不同的海洋土而存在着差异,从而导致对桶形基础极限承载力的影响。因此本文针对相同的土的有效容重$\gamma'=6.0\text{KN/m}^3$,研究了不同土的不排水抗剪强度S_u对于软黏土地基上单桶基础结构极限承载力的影响。计算结果如表3.3所示。

表 3.3　单桶基础承载力系数与 S_u 的关系

土性参数		N_H			N_V			N_M		
		$L/D=1.0$	$L/D=2.0$	$L/D=3.0$	$L/D=1.0$	$L/D=2.0$	$L/D=3.0$	$L/D=1.0$	$L/D=2.0$	$L/D=3.0$
土性参数	3.0	5.23	10.44	17.65	13.35	21.97	33.31	3.70	14.19	36.67
	4.5	4.94	9.64	16.52	12.66	21.45	33.34	3.60	13.56	34.87
	6.0	4.78	9.12	15.47	12.24	19.88	33.09	3.54	13.14	33.44
	7.5	4.64	8.78	14.71	12.02	19.21	32.40	3.50	12.84	32.32
	9.0	4.56	8.51	14.15	11.77	18.77	29.68	3.46	12.60	31.55

由表3.3可知:①针对相同长径比(L/D)的单桶基础结构,土的不排水抗剪强度S_u对桶形基础的水平、竖向和力矩的极限承载力系数影响并不显著,且对各个

方向的作用效果基本一致；而由极限承载力系数计算方法表 2.2 可知，即地基的极限承载力与不排水抗剪强度成正比，当承载力系数基本相同时，随着土的不排水抗剪强度 S_u 的增大，桶形基础的极限承载力将不断提高，因此，土的不排水抗剪强度 S_u 对桶形基础极限承载力影响较为显著。②针对相同土的不排水抗剪强度 S_u，长径比（L/D）对单桶基础的水平、竖向和力矩的极限承载力影响显著。由此可知，土的不排水抗剪强度 S_u 对桶形基础的极限承载力影响显著，这与范庆来[178]、王志云[183]所得到的结论基本一致。

3.4.3　埋深对极限承载力的影响

埋深是软黏土地基上吸力式桶形基础结构的一个主要设计参数，Andersen[187]，陈福全等[188]、徐光明等[189]根据模型试验一致认为，增大埋深能显著提高桶形基础结构的抗水平倾覆能力。但是，由于适用海洋深度的限制和工程造价的控制，桶形基础结构大的埋深不可能很大。为此，本文分别针对长径比 $L/D = 1.0$、2.0、3.0 的三种单桶基础型式，进行了有限元数值计算分析。

图 3.9 给出了桶形基础长径比与极限承载力系数之间的关系。由图可知：①埋深对桶形基础的极限承载力有显著的影响；桶形基础的极限承载力系数随着埋深的增大而不断增大。②埋深对桶形基础的力矩极限承载力系数影响最为显著，其次是水平、竖向极限承载力系数；其中增长率分别为 89.41%、69.1%、63.01%。由此可知，埋深对桶形基础的极限承载力有显著的影响，这与本文前面所分析的结论以及范庆来[178]、王志云[183]、Andersen[187]，陈福全等[188]、徐光明等[189]所得到的结论是一致的。

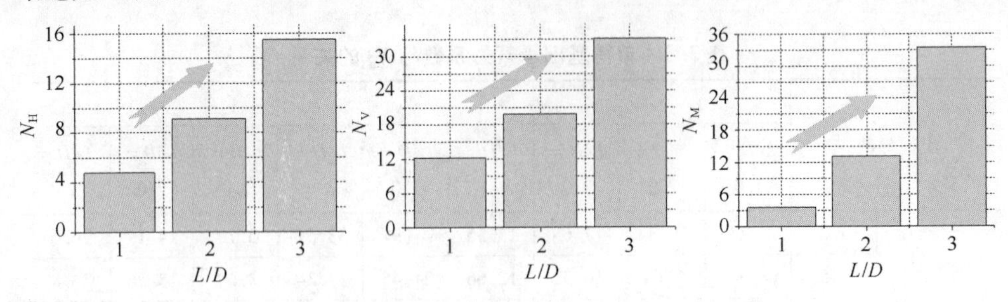

图 3.9　桶形基础长径比与极限承载力系数之间的关系

3.5　小结

在大型通用有限元分析软件 ABAQUS 平台上，针对我国第一座吸力式桶形基础采油平台单桶结构,建立了三维弹塑性有限元计算模型,采用位移控制法,探讨了单桶基础在不同荷载单独作用下的失稳破坏模式,研究了单桶基础极限承载力特性;进一步,阐述了单桶基础在不同荷载单独作用下的经验计算公式,通过具体算例比较验证了其合理性。进而考虑土性参数及桶体埋深对单桶基础极限承载力影响。通过以上有限元数值计算与对比分析,认识到:

(1)作为一种新型的港口与海洋结构物,吸力式桶形基础在水平荷载或力矩荷载单独作用下失稳破坏机制为绕着泥面以下、桶底以上某点发生整体转动而倾覆破坏,这明显不同于传统的重力式结构或者桩基结构的失稳模式,并且桶体前侧土体被挤压隆起形成被动侧破坏楔体,而桶体后侧与土体产生分离形成裂缝,裂缝深度接近旋转中心。而在竖向荷载单独作用下,吸力式桶形基础底部形成连贯的勺形破坏区;由于桶体下沉使桶体与地基接触区域产生较大剪切破坏,从而造成桶形基础桶体两侧与地基土接触区域破坏较大;由于竖向荷载的作用,桶形基础顶部两侧与土体接触区域产生裂缝。

(2)吸力式桶形基础在水平荷载、竖向荷载以及力矩荷载单独作用下所得到的归一化荷载与位移(转角)之间的关系可知,桶形基础所承受的荷载随着位移量(转角)的增大而呈现线性增长;当位移量(转角)增长到一定值时,桶形基础所承受的荷载不再随着位移量(转角)的增加而发生显著变化,此时桶形基础所承受的荷载即为桶形基础的极限承载力。采用位移控制法,分别得到了吸力式桶形基础在水平、竖向与力矩荷载单独作用下的极限承载力系数。

(3)依据有限元数值分析所得到的结论,阐述了吸力式桶形基础在水平荷载、竖向荷载单独作用下的极限承载力经验计算公式,通过与现有计算公式进行比较验证了其合理性。

(4)通过有限元数值分析计算,探讨了软黏土土性参数及桶体埋深对吸力式桶形基础极限承载力的影响。由此可知,影响吸力式桶形基础极限承载力的主要因素是软黏土的不排水抗剪强度和桶体埋深,而软黏土的容重是影响吸力式桶形基础极限承载力的次要因素。

4 单桶基础结构的竖向、水平承载力极限分析上限解法

4.1 概述

吸力式桶形基础作为一种新型海洋平台基础型式,研究其在竖向荷载以及水平荷载作用下的地基破坏机理及其承载性能,对于工程设计施工有着重要的作用。目前,国内外已展开了深海海洋基础在竖向、水平荷载作用下地基破坏机理、受力状态及计算方法等研究。在国外,Meyerhof[74, 83, 121]、Murff 等[123, 124]、Aubeny 等[125]探索了软基上浅基础失稳破坏机理及其承载力计算公式,并通过实验进行了验证,进而提出了竖向、水平荷载作用下浅基础的极限承载力的三维极限分析方法。在国内,施晓春[119]通过分析在水平荷载作用下桶形基础和桶内土体的受力状态,并考虑了土桶间的摩擦效应和相互作用,建立了桶基力学平衡方程,得到了桶形基础的水平极限承载力表达式。刘振纹[38]假设在水平力作用下桶形基础绕桶前侧底端转动,土抗力只分布在桶体前侧,按平面问题得到了比较简单的水平极限承载力公式。吴梦喜等[129, 130]通过考虑垂直土反力承担抗倾覆弯矩,来考虑垂直荷载对水平承载力的影响,提出了一种桶形基础承载力极限反力法。范庆来等[135]针对横观各向同性软基上深埋式大圆筒结构的水平承载力,提出了一种改进的极限分析上限解法。

针对饱和软黏土地基上单桶基础结构,基于有限元分析结果和弹塑性极限分析中的上限法,分别提出了竖向、水平荷载单独作用下单桶基础的地基极限分析上限解法。即根据假定的速度场内、外力所作功率与地基土体内部耗散功率相等的原则求解。上限解仅满足机动条件与屈服条件,应力场服从机动条件或塑性功率不为负的条件,从极限荷载的上限方面趋近极限荷载。上限荷载愈小愈接近于真实极限荷载。即最小的上限荷载可作为真实极限荷载的一个极佳的近似[120]。进一步,与有限元计算结果进行了对比验证,从而证明本文所提出的单桶基础结构的竖向、水平承载力极限分析方法的合理性。进而依此进行了一系列变动参数比较计算,所得到的计算分析结论为桶形基础的设计和施工提供了重要的参考依据。

4.2 极限分析上限解法

从力学的极限分析角度出发，当土体或者结构在极限荷载作用下达到极限平衡状态时，其应力场一定是满足域内平衡方程与应力已知边界条件 S、且在域内处处不违背破坏条件的静力许可应力场(Statically - admissible stress field)，而速度场一定是满足域内几何方程和位移边界条件、且遵守相关联流动法则的运动许可速度场(Kinematically - admissible strain - rate field)。同理，当土体或者结构在一组荷载作用下，土体或者结构中的应力场是静力许可的，而速度场是运动许可的，则该荷载一定是真实的极限荷载，此时土体或者结构所处的状态一定是真实的极限平衡状态。

塑性极限分析方法分别采用塑性理论的静力学与运动学定理寻找稳定性问题的真实解下限与上限。真实解应介于最大可能下限解与最小可能上限解的范围内。在塑性极限分析理论中，在所有与静力许可应力场相对应的极限荷载 P_u^- 中，真实的极限荷载最大，换言之，由静力许可应力场所求得的极限荷载 P_u^- 一定不大于真实的极限荷载 P_u，这就是极限分析的下限定理，通过数值优化等技术寻求最大可能下限解 $\tilde{P}_u^-$ 确定真实极限荷载的下限近似解的方法称为下限解法或者可静解法。而在所有与运动许可速度场相对应的极限荷载 P_u^+ 中，真实的极限荷载最小，换言之，由运动许可速度场所求得的极限荷载 P_u^+ 一定不小于真实的极限荷载 P_u，这称为极限分析的上限定理，通过上限定理寻求最小可能上限解 $\tilde{P}_u^+$ 确定真实极限荷载的上限近似解的方法称为上限解法或者可动解法。极限分析上限与下限定理适用于理想弹塑性或者刚塑性材料，要求材料满足相关联正交流动法则，并且没有考虑土体或者结构的几何形状变化对于极限承载力的影响。

在实际中，极限分析上限解法在确定地基承载力、挡土墙土压力、边坡稳定性等经典土力学领域得到了比较广泛的应用[81, 190]。在上限解法中，通常需要假定土体或者结构按照某一满足几何协调性的破坏模式发生失稳破坏，而应力分布并不要求满足平衡条件。对于所假定的可能失稳破坏模式，所有体力与外荷载所作的总外力功率与破坏体内及速度间断面上的内能耗散率相等，即满足下列虚功率方程：

$$\int_Q \sigma_{ij}\dot{\varepsilon}_{ij}^* dQ + \int_\Gamma \sigma_\Gamma \dot{\varepsilon}_\Gamma^* d\Gamma = WV^* + PV^* \tag{4.1}$$

式中，左边两项分别表示在潜在破坏 Q 内和沿潜在滑动面上产生的内能耗散率，右边两项分别表示潜在破坏土体重力和结构所承受的外荷载在虚速度场 V^* 上所做的功率，以此确定的极限荷载可作为真实极限荷载的某一上限近似解。

4.3 软基上吸力式桶形基础竖向承载力的极限分析上限解法

4.3.1 失稳破坏模式

国内外研究中，关于桶形基础结构的竖向极限承载力，在工程设计上，仍然缺乏简单合理的验算方法。为此，基于 Deng 和 Carter[118] 针对吸力式沉箱所假定的地基破坏模式，对其进行修正，通过引入桶体底部 Prandt 地基破坏模式，提出了一种改进的桶形基础结构竖向极限承载力的三维上限分析上限解法。其假定的破坏机制如图 4.1 所示，在竖向荷载 P_V 的作用下，桶体主要是垂直向下作刚体运动而导致桶体底部土体的破坏，表现为：在桶体底部将形成一个三维空间的 Prandtl 破

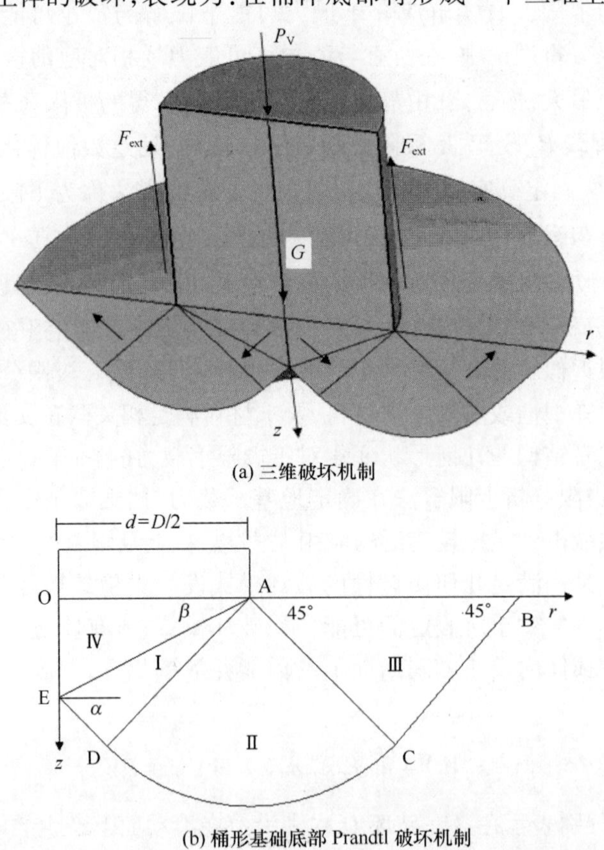

图 4.1 竖向荷载作用下桶形基础结构的破坏机制及坐标系

坏模式；假定软黏土在完全固结不排水情况下，桶内土体和桶体可以作为一个整体，即桶内土体与桶体内部摩擦不予考虑，进而在竖向荷载作用下桶体外侧与周围土体产生摩擦作用，即桶体外侧摩擦力 F_{ext}。与此破坏机制相对应，可以确定3个内能耗散区域，即桶体外侧摩擦力的耗散功率、桶形基础底部挤压破坏区的耗散功率和桶体内部土体重力做功。其中，I、II 区为过渡区域，破坏曲线为对数螺线；III 区为被动朗肯区；IV 区为主动朗肯区。

基于假定的桶形基础破坏机制，依据 Shields 和 Drucker[191] 所提出的极限承载力分析理论，可以得到桶形基础地基极限承载力上限解方程：

$$\int_S P_V v dS + W = 2\xi_{ce}\xi_{cs}\int_{vol} S_u \max|\varepsilon| dvol + \xi_{ce}\xi_{cs}\int_{S_D} S_u \Delta v dS + \int_{S_f} \lambda\xi_{ce}\xi_{cs} v S_u dS \tag{4.2}$$

式中，W 为桶体内部土体重力做功；P_V 为桶形基础的极限承载力；v 为桶形基础的位移速度；S_u 为软黏土不排水抗剪强度，对于非均质软黏土，$S_u = kz + S_{u0}$，其中 kD/S_{u0} 为非均质系数，当 $kD/S_{u0} = 0$ 时，为均质软黏土；$\max|\varepsilon|$ 为最大主应变的绝对值；vol 为破坏区域的体积；Δv 为不连续面速度增量；ξ_{cs}、ξ_{ce} 分别为圆形基础承载力的形状修正系数和基础承载力的埋深修正系数，即 $\xi_{cs} = 1.2$，$\xi_{ce} = 1 + 0.4\arctan\left(\frac{L}{D}\right)$；$\lambda$ 为桶体外侧摩擦阻力折减系数[192]；S_D 为不同破坏区域表面面积，S 为桶形基础底面积，S_f 为桶体外部与周围土体接触面积。

4.3.2　极限分析上限方法

针对不排水饱和软黏土地基上单桶基础结构，在上述假定的三维破坏机制中，采用圆柱坐标系，假定竖向荷载作用下单桶基础的竖直方向 z 的速度为 V_z，径向 r 的速度为 V_r，根据饱和纯黏性材料的不可压缩性，则 Prandtl 破坏模式的速度场分布方程可写如下：

$$\frac{\partial V_r}{\partial r} + \frac{V_r}{r} + \frac{\partial V_z}{\partial z} = 0 \tag{4.3}$$

由图4.1(b)可知，桶体外侧摩擦阻力和 Prandtl 破坏机制内各个区域的 z 方向和 r 方向的速度场[193]如表4.1所示。其中边界条件为：EDCB 边界面上，$V_r = V_z = 0$；AD 边界面上，$V_{rI} = V_{rII}$，$V_{zI} = V_{zII}$；AC 边界面上，$V_{rII} = V_{rIII}$，$V_{zII} = V_{zIII}$。

表 4.1 桶形基础破坏模式速度场

破坏区域		V_r	V_z	V_θ
Prandtl 破坏区域	I	$F/\tan\alpha$	F	0
	II	zG	$(d-r)G$	0
	III	H	$-H$	0
	IV	0	v	0
桶体外侧摩擦区域		0	v	0
桶体内部区域		0	v	0

注：$F=\dfrac{v(r\tan\alpha+d\tan\beta-z)\sin\alpha\cos\beta}{r(\tan\alpha+\tan\beta)\sin(\alpha+\beta)}$；

$G=\dfrac{v\cos\beta\sin\alpha}{r(\tan\alpha+\tan\beta)\sin\alpha\cos\alpha\sin(\alpha+\beta)\sqrt{(d-r)^2+z^2}}\times\left[\dfrac{d\sin\alpha}{\cos\beta}-\sqrt{(d-r)^2+z^2}\right]$；

$H=\dfrac{v\cos\beta\sin\alpha}{2r(\tan\alpha+\tan\beta)\cos\alpha\sin\alpha\sin(\alpha+\beta)}\times\left[d+\dfrac{\sqrt{2}d\sin(\alpha+\beta)}{\cos\beta}-r-z\right]$。

而在不连续界面 AE 的速度增量为

$$\Delta v=\frac{v\cos\beta}{\sin(\alpha+\beta)} \tag{4.4}$$

在假定的桶形基础底部 Prandtl 破坏模式内，各个区域的塑性应变分量应该满足：

$$\left.\begin{aligned}\varepsilon_{rr}&=\frac{\partial V_r}{\partial r}\\ \varepsilon_{\theta\theta}&=\frac{V_r}{r}\\ \varepsilon_{zz}&=\frac{\partial V_z}{\partial z}\\ 2\varepsilon_{rz}&=\frac{\partial V_r}{\partial z}+\frac{\partial V_z}{\partial r}\end{aligned}\right\} \tag{4.5}$$

其中，各主应变分量为

$$\left.\begin{aligned}\varepsilon_1&=\varepsilon_{\theta\theta}\\ \varepsilon_2&=\frac{1}{2}\left[-\varepsilon_{\theta\theta}+\sqrt{\varepsilon_{\theta\theta}^2+4\varepsilon_{rz}^2-4\varepsilon_{rr}\varepsilon_{zz}}\right]\\ \varepsilon_3&=\frac{1}{2}\left[-\varepsilon_{\theta\theta}-\sqrt{\varepsilon_{\theta\theta}^2+4\varepsilon_{rz}^2-4\varepsilon_{rr}\varepsilon_{zz}}\right]\end{aligned}\right\} \tag{4.6}$$

从而求得最大主应变的绝对值为

$$\max|\varepsilon|=|\varepsilon_3|=\frac{1}{2}\left[\varepsilon_{\theta\theta}+\sqrt{\varepsilon_{\theta\theta}^2+4\varepsilon_{rz}^2-4\varepsilon_{rr}\varepsilon_{zz}}\right] \tag{4.7}$$

由此可知,通过得知各个破坏区域的速度场,求得各个区域的塑性应变分量,进而求得各主应变分量,然后利用式(4.7)求得桶形基础底部 Prandtl 破坏模式内各个区域的最大主应变。

4.3.3　塑性耗散率计算

根据桶体外侧摩擦阻力与其速度场的乘积,得到了桶体外侧摩擦阻力所产生的内能耗散率:

$$E_f = \int_{S_f} \lambda \xi_{ce} \xi_{cs} v S_u \mathrm{d}S = \lambda \xi_{ce} \xi_{cs} \int_0^{2\pi} \int_0^L \frac{D}{2} v \mathrm{d}z \mathrm{d}\theta \tag{4.8}$$

进一步,桶体底部 Prandtl 破坏模式的内能耗散率可以根据其破坏区域的速度场及式(4.4)、式(4.7)求得,其各部分内能耗散率如表4.2所示。

表4.2　Prandtl 破坏模式的内能耗散率

破坏区域	内能耗散率
I	$E_I = 2S_u \cdot 2\pi \xi_{ce} \xi_{cs} \int_I \lvert \varepsilon_3 \rvert r \mathrm{d}r \mathrm{d}z$
II	$E_{II} = 2S_u \cdot 2\pi \xi_{ce} \xi_{cs} \int_{II} \lvert \varepsilon_3 \rvert r \mathrm{d}r \mathrm{d}z$
III	$E_{III} = 2S_u \cdot 2\pi \xi_{ce} \xi_{cs} \int_{III} \lvert \varepsilon_3 \rvert r \mathrm{d}r \mathrm{d}z$
IV	$E_{IV} = 2S_u \cdot 2\pi \xi_{ce} \xi_{cs} \int_{IV} \lvert \varepsilon_3 \rvert r \mathrm{d}r \mathrm{d}z$
AE	$E_{AE} = 2\pi S_u \xi_{ce} \xi_{cs} \int_{AE} \Delta v \mathrm{d}S$

对于单桶基础桶体内部土体在自重应力作用下做功,其功率表示如下:

$$W = \int_0^{2\pi} \int_0^{\frac{D}{2}} \int_0^L \gamma v \mathrm{d}z \mathrm{d}r \mathrm{d}\theta \tag{4.9}$$

作用在桶体顶部的竖向荷载 P_V 做功功率如下:

$$W_P = \int_S P_V v \mathrm{d}S \tag{4.10}$$

根据土体破坏机制中的各相关内部耗散功率之和与桶体外力功率的互等关系,可以得到:

$$W_P = E_I + E_{II} + E_{III} + E_{IV} + E_{AE} + E_f - W \tag{4.11}$$

将计算得到的内能耗散率及外荷载做功功率带入式(4.10)的相应表达式中:

$$P_V = \frac{E_I + E_{II} + E_{III} + E_{IV} + E_{AE} + E_f - W}{\int_S v \mathrm{d}S} \tag{4.12}$$

将式(4.12)消掉公共的虚速度 v 项后,采用优化方法确定竖向承载力 P_V 的极小值,可作为竖向极限承载力的近似解。

4.3.4 极限分析上限解法与有限元分析的对比

为了验证上述极限分析上限解法的可行性和有效性,针对饱和均质软黏土地基,采用大型通用有限元分析软件 ABAQUS 对软黏土地基上单桶基础结构的竖向承载力进行了三维数值分析,有限元计算模型、分析方法及土性参数与第 2 章的相同。算例中,桶体结构的直径 $D=4.0\text{m}$,泥面以下 $L/D=1.0$、2.0、3.0,软黏土的有效容重 $\gamma' = 6KN/m^3$,不排水抗剪强度 $S_{u0}=6.0\text{kPa}$,$kD/S_{u0}=0$。根据有限元数值分析所确定的可能破坏机制如图 4.2 所示。由此可见,极限分析中所假定的破坏

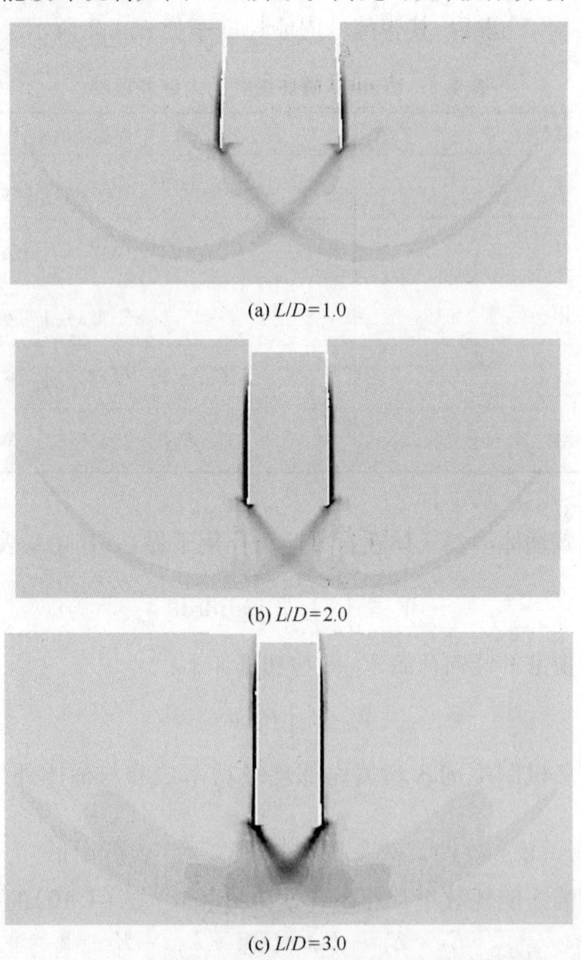

(a) $L/D=1.0$

(b) $L/D=2.0$

(c) $L/D=3.0$

图 4.2 有限元数值分析所确定的不同长径比(L/D)可能破坏机制

机制与有限元分析所得到的失稳机制比较接近。表 4.3 给出了有限元数值分析与极限分析所得计算结果比较。由此可见，两者计算结果比较吻合，最大误差不超过 15%，从而说明本文所建议的上限极限分析方法比较合理。

表 4.3　有限元数值分析与极限分析所得计算结果的比较

长径比(L/D)		1.0	2.0	3.0
$P/(AS_{u0})$	有限元数值分析	12.97	19.89	29.17
	极限分析	14.43	22.74	30.85

4.3.5　变动参数对比计算与分析

采用本文上述改进极限分析上限解法，针对单桶基础的竖向极限承载力，进行了均质软黏土的不排水抗剪强 S_{u0}、非均质软黏土的非均质系数 kD/S_{u0} 等变动参数对比计算。

图 4.3 给出了单桶基础竖向极限承载力与均质软黏土的不排水抗剪强度 S_{u0} 及桶体的长径比等参数的依赖关系。由此可知：①在工程所遇到的一般均质软黏土的不排水抗剪强度对于单桶基础的竖向极限承载力影响显著。针对不同的 S_{u0}，相同的 L/D 所对应的承载力系数 N_V 变化幅度较大，其中 $L/D = 1.0$、2.0、3.0 所对应的承载力系数 N_V 的最大值与最小值分别相差 62.21%、60.98%、63.18%；而对于相同的 S_{u0}，不同的 L/D 所对应的承载力系数 N_V 变化同样显著。②桶体的长径比 L/D 对单桶基础的竖向承载力影响显著。以上所得结论与王志云等[183]采用有限元数值分析所得到的结论基本一致。

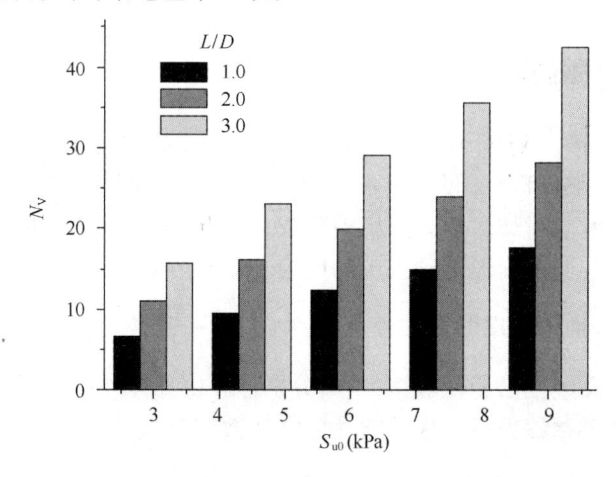

图 4.3　软黏土不排水抗剪强度对单桶基础竖向承载力的影响

图4.4给出了软黏土的横向各向异性(kD/S_{u0})与单桶基础结构底部塑性破坏区域分布之间的关系。由图可知,单桶基础在竖向荷载作用下塑性区随着非均质系数(kD/S_{u0})增大而减小。与Kusakabe等[193]针对圆形浅基础进行的上限分析结果进行比较可知,由于深基础受埋深的影响较大,从而造成塑性破坏区域分布范围相对浅基础要大;但随着非均质系数(kD/S_{u0})增大,塑性破坏区域分布范围与浅基础差别不大。

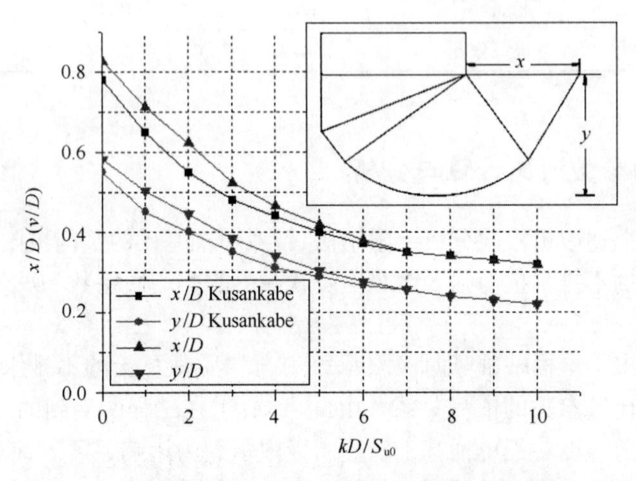

图4.4 软黏土非均质性(kD/S_{u0})对单桶基础竖向承载力的影响

4.4 水平承载力的极限分析上限解法

4.4.1 失稳破坏模式

基于Aubeny等[124]对于吸力式沉箱水平极限承载力所建议的极限平衡计算方法,在极限分析上限分析中,假设在水平荷载作用下,单桶基础的地基破坏机制如图4.5所示。将波浪荷载简化为一集中荷载,作用点位于桶体顶部,桶形基础绕O点发生倾覆失稳。假定桶形基础入土深度为L,转动中心在泥面以下L_0处,泥面处的转动速度为v_0,桶体各点的速度分布为$v_0 = \left(1 - \frac{z}{L_0}\right)v_0$。上限极限分析中的关键问题是合理计算塑性内能耗散率,下面分别计算由桶体外壁土压力、桶底部摩擦力以及桶体内外壁摩擦力所产生的塑性内能耗散率[194]。

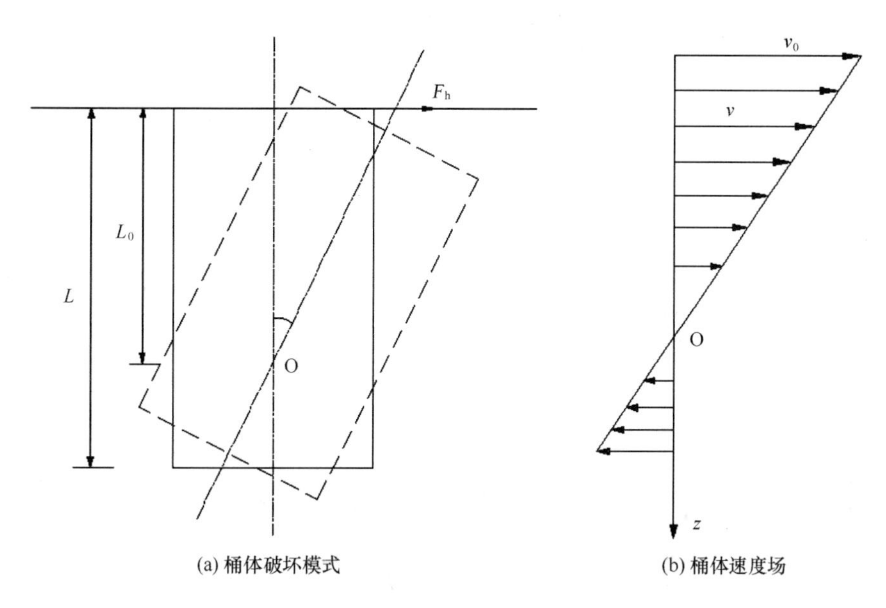

图 4.5 极限上限分析中所假定的破坏模式

4.4.2 极限分析上限方法

4.4.2.1 桶体外壁土压力内能量耗散率

对于计算桶形基础桶体外壁土压力，目前尚无公认的计算方法。通常直接采用 Rankine 土压力理论公式[195, 196]。针对饱和黏土中水平受力桩，Murff 等[123, 124]提出了水平土压力计算公式：

$$P = N_p S_u + \sigma_{v0} \tag{4.13}$$

式中，N_p 为无量纲承载力系数；S_u 为软黏土的不排水抗剪强度；σ_{v0} 为上浮土压力，即为 $\sigma_{v0} = \gamma' z$，γ' 为软黏土的浮容重。考虑到软黏土横向各向异性，对于软黏土的不排水抗剪强度可表示如下：

$$S_u = S_{u0} + kz \tag{4.14}$$

式中，S_{u0}与 k 分别为泥面处的不排水抗剪强度和不排水抗剪强度沿深度的线性增长率。无量纲承载力系数 N_p 可按照经验公式估算：

$$N_p = N_1 - N_2 \exp\left(-\frac{\xi_z}{D}\right) \tag{4.15}$$

式中，N_1 为深度方向上最大水平土压力承载力系数，$(N_1 - N_2)$ 为自由面上水平土压力承载力系数，ξ 为与土的强度特性有关的参数。根据 Randolph - Houlsby[197]的理论，N_1 对于光滑和粗糙桶体分别取值为 9 和 12；N_2 为泥面处 N_p 与不同深度处

N_p 之差。而对于 ξ，Murff 和 Hamilton[124] 定义：

$$\left.\begin{aligned} \xi &= 0.25 + 0.05\lambda \quad \lambda < 6 \\ \xi &= 0.55 \quad \lambda \geqslant 6 \end{aligned}\right\} \tag{4.16}$$

式中，$\lambda = \frac{S_{u0}}{kD}$，即为自由表面处软黏土强度。

由此可得，桶体外壁沿埋深方向任意一点 z 处的内能耗散率：

$$d\dot{E} = N_p S_u \left| \left(1 - \frac{z}{L_0}\right) v_0 \right| D\mathrm{d}z \tag{4.17}$$

由式(4.17)进行积分可得到桶体外壁土压力所产生的总内能耗散率：

$$\dot{D}_s = v_0 D \int_0^L \left\{ \left[\left(N_1 - N_2 \exp\left(-\frac{\xi_z}{D}\right) \right) (S_{u0} + kz) + \gamma' z \right] \left| 1 - \frac{z}{L_0} \right| \right\} \mathrm{d}z \tag{4.18}$$

深层的水平土压力处于平面应变状态，与软黏土的容重无关，故式(4.18)只在下述条件下起作用：

$$N_p S_u + \gamma' z \leqslant N_{p\max} S_u \tag{4.19}$$

4.4.2.2 桶体底部摩擦力产生的内能量耗散率

由于桶形基础长径比相对较小，桶体底部摩擦力产生的内能耗散率通常较大，可表示如下：[105]

$$\dot{D}_e = \frac{R_2^3 v_0}{L_0} \int_{\varphi=0}^{2\pi} \int_{\omega=0}^{\sin^{-1}\left(\frac{1}{\sqrt{\left(\frac{R_1}{R}\right)^2 + 1}}\right)} \{ S_{u0} + (L_0 + R_2 \sin\omega) k \} \sqrt{(\sin\omega \sin\varphi)^2 + (\cos\omega)^2} \sin\omega \, \mathrm{d}\omega \, \mathrm{d}\varphi \tag{4.20}$$

式中，R 为桶体半径；$R_1 = L - L_0$；$R_2 = \sqrt{R^2 + R_1^2}$；φ 为水平方向桶体绕中轴线旋转的角度，0 到 2π；ω 为绕竖直方向桶体绕中轴线旋转的角度，0 到 $\sin^{-1}\left(\frac{R}{R_2}\right)$。

4.4.2.3 桶体内外壁摩擦力产生的内能量耗散率

对于图 4.5 中所假定的速度场，桶体内外壁各点的竖向速度分量为 $\omega \frac{D}{2} \cos\theta$，$\theta$ 为桶壁各点在转动中心为原点的柱坐标下的极角。由于桶形基础桶体结构的壁厚相对其直径一般很小，因此，在分析中忽略壁厚的影响，桶体内外壁摩擦力 $f = \mu p$，μ 为界面滑动摩擦系数，p 为桶体内外壁与软黏土接触面上的法向接触应力。根据 Brand 等[192] 经验公式 $f = \alpha S_{u0}$，α 为折减系数。于是桶体内外壁摩擦力所产生的内能耗散率[135]：

$$\dot{D}_f = 4\alpha \int_0^L \int_0^\pi \omega \frac{D}{2} \cos\theta S_u \frac{D}{2} \mathrm{d}\theta \mathrm{d}z \tag{4.21}$$

4.4.2.4 极限分析上限解法

由极限分析上限定理可知，对于某一塑性变形模式的外荷载所做的功率等于该模式内能耗散率：

$$F_h v_0 = \dot{D}_s + \dot{D}_e + \dot{D}_f \tag{4.22}$$

由式(4.22)可得极限水平力 F_h 的上限解：

$$F_h = \frac{\dot{D}_s + \dot{D}_e + \dot{D}_f}{v_0} \tag{4.23}$$

采用优化方法确定水平荷载 F_h 的极小值，可作为极限承载力的近似解。

4.4.3 极限分析上限解法与有限元分析的对比

为了验证上述极限分析上限解法的合理性，采用大型通用有限元分析软件 ABAQUS 对软黏土地基上单桶基础结构的水平承载力进行了三维数值分析。有限计算模型、分析方法及土性参数与第 3 章的相同。算例中，单桶基础的直径 $D=4.0$ m，$L/D=1.0$，其位移作用点在桶体轴线的顶部。根据有限元数值分析所确定的可能破坏机制如图 4.7 所示。由此可见，极限分析中所假定的破坏机制与有限元分析所得到的失稳机制比较吻合。

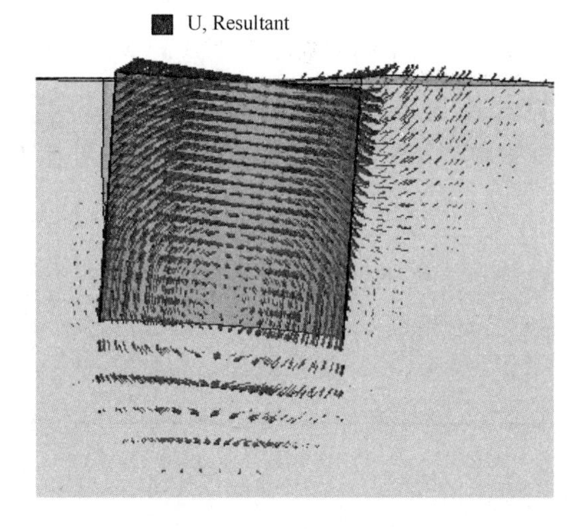

图 4.7 有限元数值分析所确定的可能破坏机制

表 4.4 给出了有限元数值分析与极限分析上限解法所得到计算结果比较。由此可见，两种计算方法在水平极限承载力方面比较吻合，最大误差不超过 10%，从而说明本文所建议的上限极限分析方法比较合理。

表 4.4　有限元数值分析与极限分析所得计算结果的比较

$k=0, S_u$(kPa)	$F_n = F_h/(AS_u)$		误差
	有限元数值分析	极限分析上限解法	
3.0	5.230	5.401	8.766%
4.5	4.936	5.054	4.5%
6.0	4.778	5.001	6.564%
7.5	4.644	5.023	9.03%
9.0	4.563	4.857	6.613%

4.4.4　变动参数对比计算与分析

利用本文所提出的极限分析上限解法,针对单桶基础结构的水平极限承载力,进行了变动参数对比计算。图 4.8、图 4.9 分别给出了不同长径比 L/D 的单桶基础水平极限承载力与软黏土的容重、非均质性及桶体的长径比等参数的依赖关系。由此可知:①在工程所遇到的一般软黏土的容重对于单桶基础的水平极限承载力影响较小;针对不同的 γ ,不同的 L/D 所对应的 N_H 变化幅度不大,而对于相同的 γ ,不同的 L/D 所对应的 N_H 变化较大。②软黏土的非均质性对单桶基础的水平承载力影响较大;针对不同的 $\frac{kD}{S_{u0}}$,不同的 L/D 所对应的 N_H 变化幅度较大,最大值和最小值分别相差 59.31%、65.88%、68.91%,而对于相同的 S_{u0},不同的 L/D 所对应的 N_H 变化也较大。③比较图 4.8、图 4.9 可知,桶体的长径比 L/D 对单桶基础的水平承载力影响较大。以上所得结论与范庆来[179]采用有限元数值分析所得到的结论基本一致。

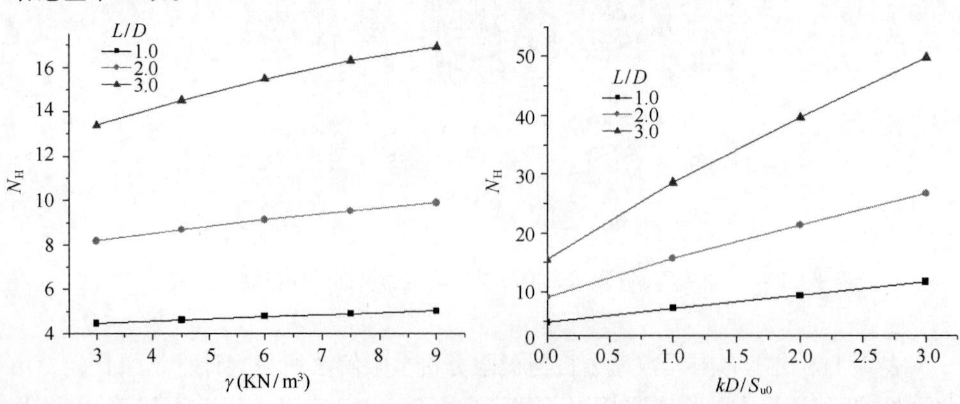

图 4.8　软黏土容重对水平承载力的影响　　图 4.9　非均质性对水平承载力的影响

4.5 小结

基于有限元分析所得到的软黏土地基上单桶基础结构的破坏机制，将 Deng 和 Carter[118]针对吸力式沉箱所假定的地基破坏模式进行了修正，通过引入桶体底部 Prandt 地基破坏模式，在极限分析上限解法中对单桶基础地基破坏机制采用如下假定：单桶基础在竖向荷载的作用下，桶体主要是垂直向下作刚体运动，从而导致桶体底部土体的破坏，其底部将形成一个三维空间的 Prandtl 破坏模式；假定软黏土在完全固结不排水情况下，桶内土体和桶体可以作为一个整体，即桶内土体与桶体内部摩擦不予考虑，进而在竖向荷载作用下桶体外侧与周围土体产生摩擦作用，即桶体外侧摩擦力。与此破坏机制相对应，可以确定 3 个内能耗散区域，即桶体外侧摩擦力的耗散功率、桶形基础底部挤压破坏区的耗散功率和桶体内部土体重力做功。以此为基础，提出了一种改进的单桶基础结构竖向极限承载力的三维上限分析上限解法，将改进极限分析上限解法得到的竖向极限承载力与大型通用有限元软件 ABAQUS 的三维有限元方法所得到的计算结果进行了对比，由此论证了所建议的极限分析上限解法的可行性和有效性。

进一步，基于有限元计算结果，结合 Aubeny 等[124]对于吸力式沉箱水平极限承载力所建议的极限平衡计算方法，在极限分析上限分析中，假设在水平荷载作用下，单桶基础的地基破坏机制为单桶基础绕桶体内某点发生倾覆失稳。以此为基础，提出了一种改进的单桶基础结构水平极限承载力的三维上限分析上限解法，同样，将改进极限分析上限解法得到的水平极限承载力与大型通用有限元软件 ABAQUS 的三维有限元方法所得到的计算结果进行了对比，由此论证了所建议的极限分析上限解法的可行性和有效性。

通过针对单桶基础竖向极限承载力、水平极限承载力的上限解法的变动参数研究发现：主要影响单桶基础竖向、水平承载力的因素是软黏土的不排水抗剪强度 S_{u0}、非均质性（kD/S_{u0}）以及桶体的长径比（L/D），而软黏土的容重对单桶基础竖向、水平承载力影响较小。本文所建议的极限分析上限解法以及所得到的结论，为吸力式桶形基础的设计与施工提供了重要的参考依据。

5 模型试验研究

在吸力式桶形基础模型试验研究方面，挪威土工研究所做了大量的研究工作[11]。1985年在北海格尔范克斯油田超过220 m水深的区域做了大量的沉入试验。该试验结构由两个高为23 m直径为6.5 m的钢桶组成，分别在黏性土和砂土中沉入22 m，记录了大量的有关土体摩擦力、土压力和孔隙水压力的数据。Bye等[15]对Europiple – 16/11E平台和Sleipner T平台基础设计开展了模型实验。Andersen等[48, 49]进行了针对软黏土中张力腿锚基础的野外场地实验。Allersma等[99, 100]开展了循环载荷和长期垂向载荷作用下吸力锚的离心机模拟，研究在黏土和砂土中吸力桩的垂向承载力。Byrne等[97]对砂土中吸力式沉箱在循环作用下的响应进行了分析，根据实验结果得到了对载荷位移关系较深入的理解，在此基础上提出了简单的理论和数值模型。Watson等[50]总结了关于沉箱基础在垂直向、水平向和力矩载荷作用下的响应研究，包括离心机模拟结果和数值模拟结果。Renzi等[108]利用离心机研究了黏土中吸力桩的沉贯过程和垂向极限承载力等问题。Fuglsang等[109]利用离心机模拟了黏土中吸力桩的拔出破坏问题。Byrne等[110]利用离心机模拟了竖向动荷载作用下黏土中吸力式桶形基础的水平荷载与力矩荷载耦合作用。目前我国针对吸力式桶形基础与土相互作用机理的模型试验研究工作进行得较少[8]。鲁晓兵等[198]针对吸力式桶形基础水平动荷载作用下的承载力问题，进行了模型试验研究。施晓春等[115]利用模型实验探讨了吸力式桶形基础的水平、竖向承载力特性。严池等[199]利用模型试验研究了桶形基础水平荷载加载过程中土压力变化规律。刘振纹等[114]针对竖向循环荷载作用下软土地基桶形基础的承载性能进行了模型试验。张宇等[200]利用模型试验和数值计算分析，研究了竖向荷载作用下桶形基础与土相互作用机理。虽然针对桶形基础承载性能已开展大量的研究工作，但是利用模型试验和数值计算方法进行对比分析，以此确定桶形基础地基破坏模式的研究相对较少。为此，通过室内小型模型试验，探讨了滩海吸力式桶形基础在不同荷载加载过程中的地基破坏机理，并与数值计算结果进行了对比论证。

5.1 模型试验

5.1.1 土样制作

利用真空抽吸法饱和黏土制样技术,制备饱和黏土。制成饱和黏土样后,采用烘干法测定重塑土样不同位置处的平均含水率。土层上、中、下部含水率分别为29.0%、28.9%、28.8%,土样密度达到19.52~19.59 kN/m^3,试样的基本物理性质指标见表5.1[201]。

表5.1 饱和黏土试验的物理性质指标

土样类型	密度 $\rho/(g/cm^3)$	土粒相对密度	含水率 $w/\%$	饱和度 $S_r/\%$	塑限 $W_p/\%$	液限 $W_l/\%$	塑性指数 I_p
饱和黏土	1.95	2.67	29	>98	18	36	18

5.1.2 模型试验装置

试验设备为自行研制的小型模型试验装置,其结构如图5.1所示。其中模型槽尺寸为800 mm×800 mm×800 mm,四个桶形基础结构直径为200 mm,壁厚为5 mm,桶高分别为100 mm、200 mm、300 mm和400 mm。该设备能够模拟在水平荷载、竖向荷载、扭剪荷载单独作用和共同作用下的桶形基础结构与土相互作用机理。

5.2 模型试验方法

该试验通过荷载加载系统,在桶形基础顶部施加水平荷载、竖向荷载、扭剪荷载,其施加荷载大小由液压控制系统操控。首先,模型槽中填充预置的饱和黏土,并压实;其次,将桶形基础模型放置于模型槽中,让其在自重应力作用下沉降稳定后,将桶形基础模型桶压入饱和黏土中;再次,通过控制液压加载系统,在桶轴线顶部逐级加载旋转荷载,每次加载后,待桶体变形量完全稳定后记录数据;最后,当被测点位移超过20 mm或者模型整体失稳时终止试验。

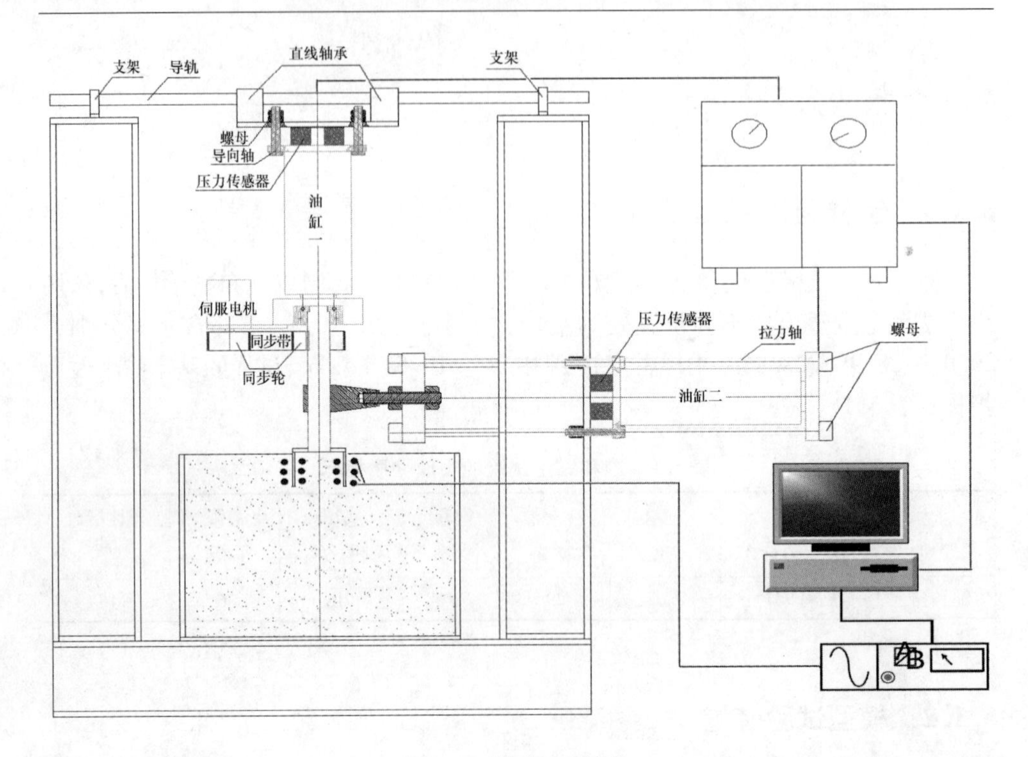

图 5.1 模型试验设备

5.3 地基破坏机理与数值计算对比分析

5.3.1 水平荷载作用下桶形基础地基破坏机理

图 5.2、图 5.3 分别给出了模型试验与数值计算所得到的长径比($L/D=1.0$)桶形基础在水平荷载作用下地基破坏模式。由图可知:①模型试验,桶形基础在水平荷载作用下产生倾斜,桶体外壁后侧与软黏土分离,且顶部分离孔隙较大;桶体外壁前侧挤压软黏土致使土体产生隆起;桶体内壁软黏土随着桶形基础发生位移变化,但整体型式未改变。与土压力分析进行比较,桶体内壁土压力从顶部至底部土压力变化趋势基本一致,这是由于桶形基础产生水平位移时,桶体内软黏土整体型式未改变,只是在底部与基础结构衔接处产生较大土压力;桶体外壁土压力顶部后侧趋于零值,这是由于桶体外壁后侧与软黏土分离,土压力消散所致。②数值分析,在水平荷载作用下,桶形基础底部形成连贯的勺形塑性区;而在其两侧土体内形成楔形塑性区,与水平荷载作用方向一致的桶体侧是被动区,桶体挤入地基土体

产生较大的土压力；而桶体的另一侧是主动区，桶体与地基土之间产生分离。③对比论证，桶形基础在水平荷载作用下，地基产生旋转变形，旋转中心位于桶体内部轴线上；桶体后侧与软黏土分离产生主动土压力且较小，前侧与受荷方向一致，挤压土体，致使软黏土产生被动土压力且较大。

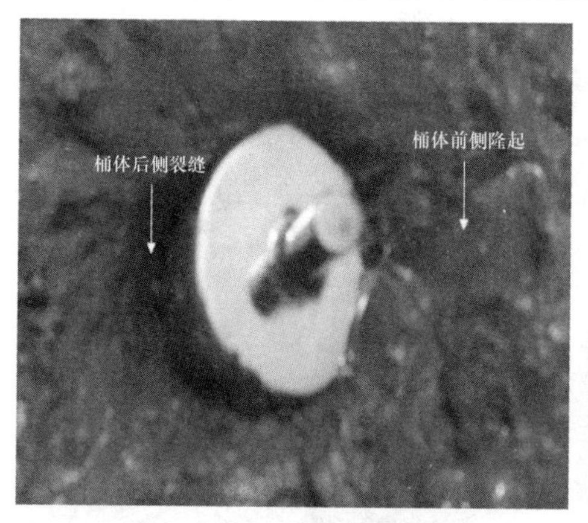

(a) 俯视图

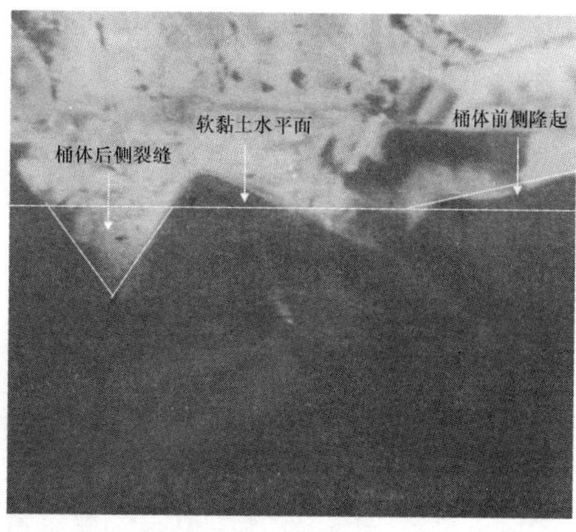

(b) 剖面图

图 5.2　模型试验所得到的地基破坏模式

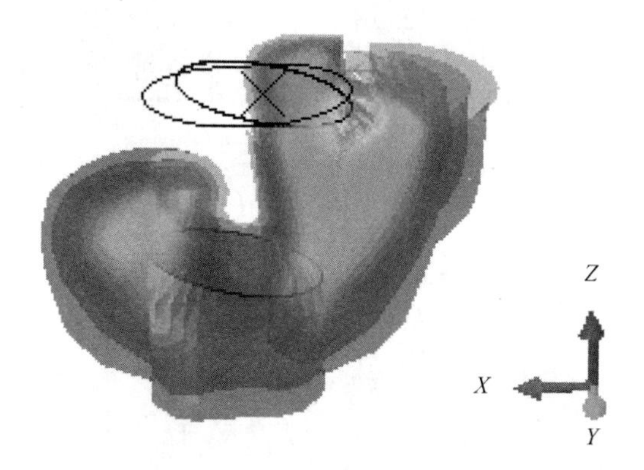

图 5.3　数值计算所得到的地基破坏模式

5.3.2　竖向荷载作用下桶形基础地基破坏机理

图 5.4、图 5.5 分别给出了模型试验与数值计算所得到的长径比（$L/D=1.0$）桶形基础在竖向荷载作用下地基破坏模式。由图可知：①模型试验，桶形基础在竖向荷载作用下产生剪切变形，桶体外壁顶部与软黏土分离产生裂缝且裂缝较大；桶体外壁底部挤压软黏土致使桶体两侧土体产生隆起；桶体内壁软黏土随着桶形基

础发生位移变化,但整体型式未改变。与土压力分析进行比较,桶体内壁土压力从顶部至底部土压力变化趋势基本一致,这是由于桶形基础产生竖向位移时,桶体内软黏土整体形式未改变,只是在底部与基础结构衔接处产生较大土压力;桶体外壁土压力顶部与底部相比较小,这是由于桶体外壁顶部与软黏土分离,土压力消散所致。②数值分析,在竖向荷载作用下,桶形基础底部形成连贯的勺形塑性区;由于桶体下沉使得桶体与地基接触区域产生较大剪切破坏,从而造成桶形基础桶体两侧与地基土接触区域塑性应变较大。③对比论证,桶形基础在竖向荷载作用下,地基底部产生挤压变形,桶体两侧产生剪切变形,且应力大小随着距桶体轴线的距离增大而减小。

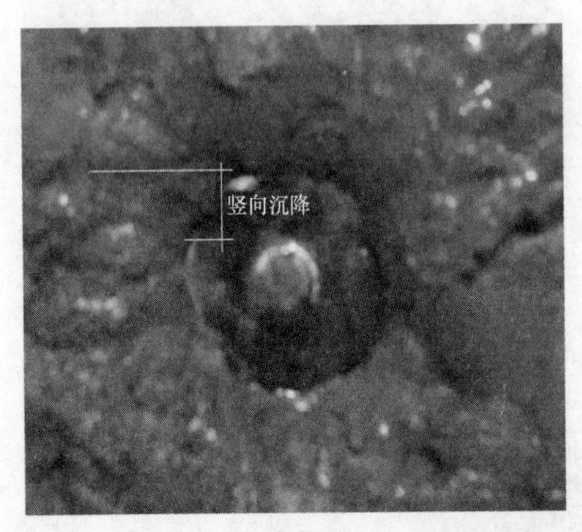

(a) 俯视图

(b) 剖面图

图 5.4　模型试验所得到的地基破坏模式

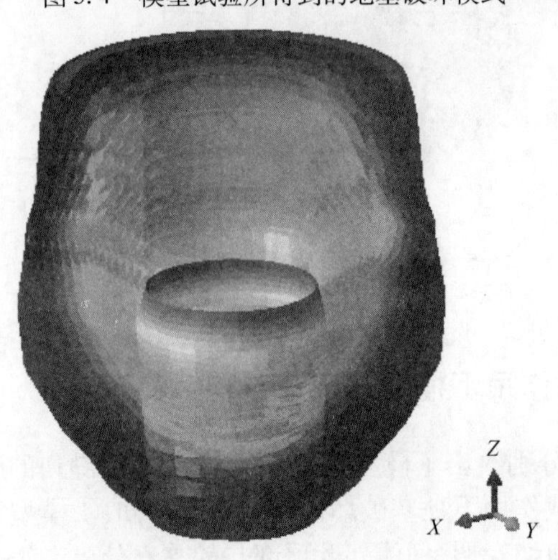

图 5.5　数值计算所得到的地基破坏模式

5.3.3　扭剪荷载作用下桶形基础地基破坏机理

图 5.6、图 5.7 分别为模型试验与数值计算所得到的 $L/D=1.0$ 桶形基础在扭剪荷载作用下地基破坏模式。由两个图可知:模型试验中,桶形基础在扭剪荷载作用下产生剪切变形,桶体外壁与软黏土产生剪切旋转,且顶部有裂缝产生。与土压力分析进行比较,桶体内、外壁土压力随着旋转角度的增大而增加;数值分析中,在扭剪荷载作用下,桶形基础底部与软黏土接触部分形成显著的圆环塑性区,而在桶形基础外壁两侧土体圆环剪切破坏区域,且随着距旋转中心的增加而减小;对比论证中,桶形基础在扭剪荷载作用下,地基底部形成圆环剪切破坏,桶体周围以桶轴线为中心,产生旋转剪切变形,逐渐向周围扩散。

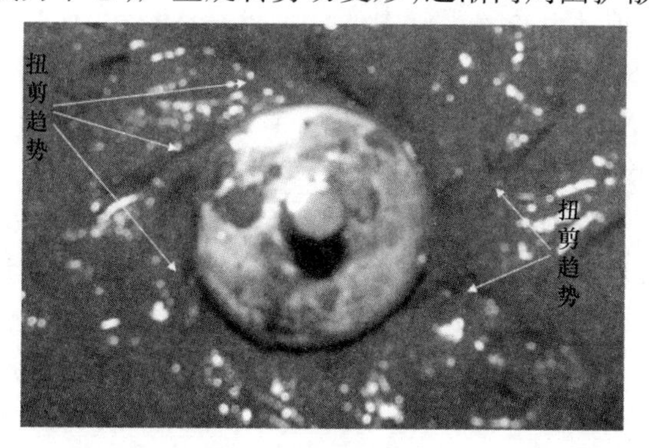

图 5.6　模型试验所得到的地基破坏模式

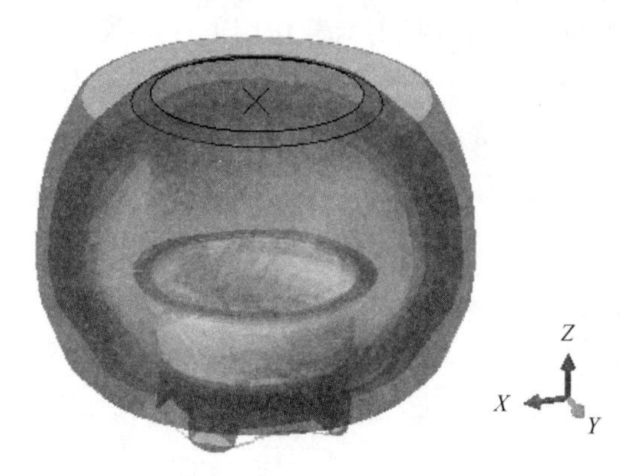

图 5.7　数值计算所得到的地基破坏模式

5.4 结论

采用室内小型模型试验,探讨了滩海吸力式桶形基础在不同荷载加载过程中的地基破坏机理,并与数值计算结果进行了对比论证,得到以下结论:

(1)该模型试验装置能够有效地揭示滩海吸力式桶形基础在水平、竖向、扭剪荷载作用下地基破坏模式,并与数值计算结论基本一致。

(2)模型试验中,桶形基础在水平荷载作用下倾斜,桶体外壁后侧与软黏土分离,且顶部分离孔隙较大;桶体外壁前侧挤压软黏土致使土体产生隆起;桶体内壁软黏土随着桶形基础发生位移变化,但整体型式未改变。与土压力分析进行比较,桶体内壁土压力从顶部至底部土压力变化趋势基本一致,这是由于桶形基础产生水平位移时,桶体内软黏土整体型式未改变,只是在底部与基础结构衔接处产生较大土压力;桶体外壁土压力顶部后侧趋于零值,这是由于桶体外壁后侧与软黏土分离,土压力消散所致。

(3)模型试验中,桶形基础在竖向荷载作用下产生剪切变形,桶体外壁顶部与软黏土分离产生裂缝且裂缝较大;桶体外壁底部挤压软黏土致使桶体两侧土体产生隆起;桶体内壁软黏土随着桶形基础发生位移变化,但整体型式未改变。与土压力分析进行比较,桶体内壁土压力从顶部至底部土压力变化趋势基本一致,这是由于桶形基础产生竖向位移时,桶体内软黏土整体型式未改变,只是在底部与基础结构衔接处产生较大土压力;桶体外壁土压力顶部与底部相比较小,这是由于桶体外壁顶部与软黏土分离,土压力消散所致。

(4)模型试验中,桶形基础在扭剪荷载作用下产生剪切变形,桶体外壁与软黏土产生剪切旋转,且顶部有裂缝产生。与土压力分析进行比较,桶体内、外壁土压力随着旋转角度的增大而增加。

6　复合加载模式下单桶基础承载力特性研究

6.1　概述

在进行海洋平台基础研究工作中，以往在地基承载力研究中一般采用荷载倾斜影响系数和有效宽度概念近似地考虑水平荷载和力矩荷载对竖向承载力的降低作用。而实际上，海洋建筑物地基在工作中不仅承受上部结构及其自身所引起的竖向荷载的长期作用，而且往往还受到波浪、海流等所引起的水平荷载及力矩的作用。这些荷载通过基础传到地基上，从而使地基受到水平荷载、竖向荷载和力矩荷载的共同作用，这种加载方式称为复合加载模式[82]，若进一步考虑各个荷载分量随时间的循环变化，则这种复合加载模式称为循环复合加载模式（或变值复合加载模式）。此时，由引起地基破坏时的各种荷载分量组合在荷载空间内构成了一个三维极限状态曲线，称为地基的极限荷载包络图。对于给定的土质和土层条件，极限荷载包络图是全面表达复合加载条件下地基极限承载力的合理方式。因此，通过探讨软黏土地基上吸力式桶形基础在这种复合加载模式下的承载性能及其破坏模式；并在荷载空间内，绘制了各个荷载分量达到极限平衡状态时所组合形成的极限荷载包络面或稳定/破坏包络面，依此评价复合加载模式下吸力式桶形基础的稳定性。为此，本文针对各种不同荷载组合下的复合加载模式，在大型通用有限元分析软件 ABAQUS 平台上，采用 Swipe 试验加载方式，通过具体数值计算探讨了不同组合加载条件下单桶基础结构地基承载力性能，并且从极限平衡理论的角度讨论了极限状态时单桶基础的破坏机理，由此建立了复合加载模式下地基的破坏包络面，并与假定的实际工况进行了对比分析，从而探讨了复合加载模式下地基的破坏包络面经验计算公式；进一步，通过 ABAQUS 二次开发，建立了软黏土不排水抗剪强度横观各项异性及非均质性有限元计算模型和变值（循环）复合加载模式下单桶基础的有限元计算模型，探讨了不排水抗剪强度横观各项异性及非均质性与桶形基础承载性能的关系，研究了变值（循环）复合加载模式与复合加载模式下单桶基础的承载力特性之间的关系，为吸力式桶形基础的设计施工提供了重要的参考依据。

6.2 有限元数值实施方法

对于竖向力、水平力与力矩等多种荷载分量共同作用的复合加载模式，在有限元计算中必须按照一定的加载路线或程序进行加载，以此可以唯一地确定地基达到极限平衡状态时所对应的破坏荷载。对此一般采用 Swipe 试验加载方式进行加载分析。Swipe 试验加载方法最早由 Tan[202] 提出，并应用于离心机模型试验中，试验过程包括两个加载步骤。下面以搜寻 i、j 荷载平面上的破坏包络面为例阐述加载程序：①首先沿 i 方向从 0 加载状态开始施加位移 u_i 直至 i 方向上的荷载不再随着位移的增大而改变；②其次保持 i 方向的位移不变而沿 j 方向施加位移 u_j 直到沿 j 方向所施加的荷载不随 j 方向的位移增加而改变。第二步中所形成的加载轨迹可以近似地作为 i、j 荷载平面上的破坏包络面[6]，如图 6.1 所示。

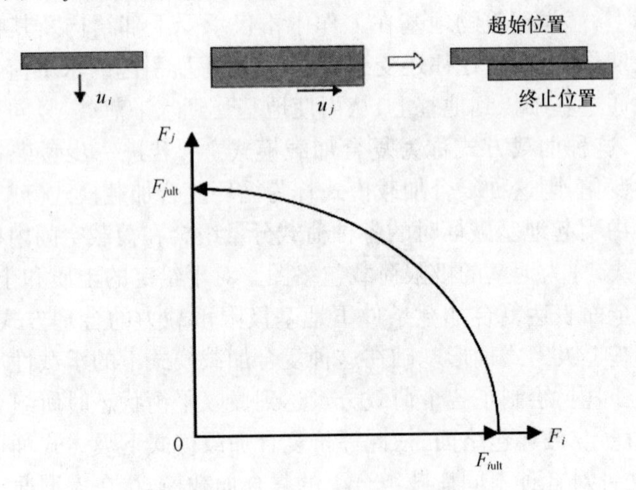

图 6.1 Swipe 试验加载方法

针对竖向荷载、水平荷载与力矩荷载等多种荷载分量共同作用的复合加载模式，采用 Swipe 试验加载方式进行加载分析。在有限元数值计算中，加载方式采用不同的加载比，则有限元分析加载方法如表 6.1 所示。

表 6.1 有限元加载分析方法

No.	加载方式	注释
1	位移控制法	首先施加 V 然后施加 H； Swipe：首先施加 V 然后施加 M； 首先施加 H 然后施加 M

续表

No.	加载方式	注释
2	位移控制法	首先施加 H 然后施加 V; Swipe:首先施加 M 然后施加 V; 首先施加 M 然后施加 H
3	位移控制法	$\delta h/\delta v = 2.0$ 、$\delta v/D\delta\theta = 2.0$
4	位移控制法	$\delta h/\delta v = 1.0$ 、$\delta v/D\delta\theta = 1.0$
5	位移控制法	$\delta h/\delta v = 0.5$ 、$\delta v/D\delta\theta = 0.5$

通过 Swipe 试验加载方法进行加载有限元分析,直接寻找复合加载条件下破坏包络面上每个荷载组合点的近似下限解,并由此确定在给定复合加载条件下单桶基础的地基破坏模式及其承载力,并与现有理论进行对比分析。

6.3 均质软黏土地基上单桶基础承载力特性研究

对于复合加载模式下海洋基础地基承载力,ISO(2000)[203] 依据均质软黏土地基上条形基础的传统承载力理论求解的,其表达形式:

$$V_{\mathrm{ult}} = AS_{\mathrm{u}}N_{\mathrm{c}}K_{\mathrm{c}} \tag{6.1}$$

式中,V_{ult} 为竖向极限承载力;A 为基础表面积;S_{u} 为软黏土的不排水抗剪强度;N_{c} 为条形基础竖向承载力系数;K_{c} 为荷载修正系数,其表达形式:

$$K_{\mathrm{c}} = 1 - i_{\mathrm{c}} + s_{\mathrm{c}}$$

式中,i_{c} 为倾斜系数,可以采用有效面积 A' 表示:

$$i_c = 0.5 - 0.5\sqrt{\left(1 - \frac{H}{A'S_u}\right)}$$

考虑到海洋地基的三维结构型式:

$$s_c = s_{cv}(1 - 2i_c)\frac{B'}{L}$$

式中,B' 为地基的有效宽度。

Martin[94] 基于超固结软黏土的 1 g 离心机试验,针对复合加载模式下的纺锤形海洋基础提出了模型 B,该模型被广泛应用于海洋浅基础的地基三维破坏包络面分析中,依次评价海洋浅基础的稳定性,其经验公式表达如下:

$$f = \left[\left(\frac{M}{M_0}\right)^2 + \left(\frac{H}{H_0}\right)^2 - 2\bar{e}\left(\frac{M}{M_0}\right)\left(\frac{H}{H_0}\right)\right]^{\frac{1}{2\beta_2}} - \bar{\beta}^{\frac{1}{\beta_2}}\left(\frac{V}{V_0}\right)^{\frac{\beta_1}{\beta_2}}\left(1 - \frac{V}{V_0}\right) \tag{6.2}$$

式中,$M_0 = m_0 \cdot 2RV_0$,$H_0 = h_0 \cdot V_0$,$\bar{e} = e_1 + e_2\left(\frac{V}{V_0}\right)\left(\frac{V}{V_0} - 1\right)$,$\bar{\beta} = \frac{(\beta_1 + \beta_2)^{\beta_1+\beta_2}}{(\beta_1)^{\beta_1}(\beta_2)^{\beta_2}}$

,V_0 为竖向极限承载力,Martin[94] 根据试验,求得 $m_0 = 0.083$,$h_0 = 0.127$,$e_1 = 0.518$,$e_2 = 1.180$,$\beta_1 = 0.764$,$\beta_2 = 0.882$。该地基三维破坏包络面的经验数学表达形式是针对纺锤形基础通过试验所得到的结论推导,但是对于描述数值计算所得到的地基三维破坏包络面特性是不适用的,同样对于描述桶形基础这样的深海基础形式也不适用。

Bransby 与 Randolph[79, 80] 针对海洋圆形浅基础在复合加载模式下的地基三维破坏包络面特性,基于二维空间内的地基破坏包络面特性,提出了其经数学表达式来近似模拟地基三维破坏包络面特性:

$$f = \alpha_3 \sqrt{\left(\frac{M^*}{M_{ult}}\right)^{\alpha_1} + \left(\frac{H}{H_{ult}}\right)^{\alpha_2}} + \left(\frac{V}{V_{ult}}\right)^2 - 1 = 0 \tag{6.3}$$

式中,$\frac{M^*}{ADS_{u0}} = \frac{M}{ADS_{u0}} - \left(\frac{z}{B}\right)\left(\frac{H}{AS_{u0}}\right)$,$M^*$ 为距离地基旋转参考点处的计算力矩,z 为参考点深度,B 为地基的宽度,A 为地基表面积,α_1、α_2、α_3 为地基土非均质性影响因子,S_{u0} 为软黏土表面不排水抗剪强度,M_{ult}、H_{ult}、V_{ult} 分别为地基的力矩、水平、竖向极限承载力。该地基三维破坏包络面的经验数学表达形式虽然是通过数值计算结果推导得到的,但该表达形式是基于二维空间内的地基破坏包络面将其扩展得到,因此对于描述深海基础形式的地基三维破坏包络面特性是不适用。

Taiebat 与 Carter[204] 基于现有分析结论的基础上,针对长径比为 0.5 的沉箱,进行了离心机试验和数值分析,通过考虑力矩荷载与水平荷载之间的相互关系,绘制了长径比较小的沉箱基础的地基三维破坏包络面,从而推导了其经验数学表达形式:

$$f = \left(\frac{V}{V_{ult}}\right)^2 + \left[\left(\frac{M}{M_{ult}}\right)\left(1 - \alpha_1 \frac{HM}{H_{ult}|M|}\right)\right]^2 + \left|\left(\frac{H}{H_{ult}}\right)^3\right| - 1 = 0 \tag{6.4}$$

式中,M_{ult}、H_{ult}、V_{ult} 分别为地基的力矩、水平、竖向极限承载力,α_1 为土性参数影响因子。由于该地基三维破坏包络面数学表达形式是基于长径比为 0.5 的沉箱基础推导的,只适用于长径比较小的沉箱基础,而对于长径比大于 1 的桶形基础是不适用的。

因此,本文通过有限元数值分析,基于 Taiebat 与 Carter[204] 所提出的地基三维破坏包络面的经验数学表达形式,对其进行修正,使其能够描述不同长径比的单桶基础结构在复合加载模式下的地基三维破坏包络面。

6.3.1 $V-H$ 荷载空间承载特性

6.3.1.1 地基破坏机制

针对不同力矩荷载(M)作用,图 6.2 给出水平荷载与竖向荷载共同作用的复合加载模式下单桶基础的极限平衡状态时地基中等效塑性应变分布。由图可知，当力矩荷载分量 $M<0.6M_{ult}$ 时，地基的破坏模式基本一样，即单桶基础底部形成连贯的勺形塑性破坏区；在与水平位移方向或与力矩旋转方向相同的桶体一侧形成了处于被动状态的楔形塑性破坏区，而且等效塑性应变较大；而与水平位移方向或与力矩旋转方向相反的桶体一侧形成了处于主动状态的楔形塑性破坏区，其等效塑性应变不断减小；当力矩荷载达到力矩极限承载力即 $M=1.0M_{ult}$ 时，桶形基础两侧楔形塑性区可能消失，地基失稳模式主要表现为单桶基础底部的勺形塑性破坏。

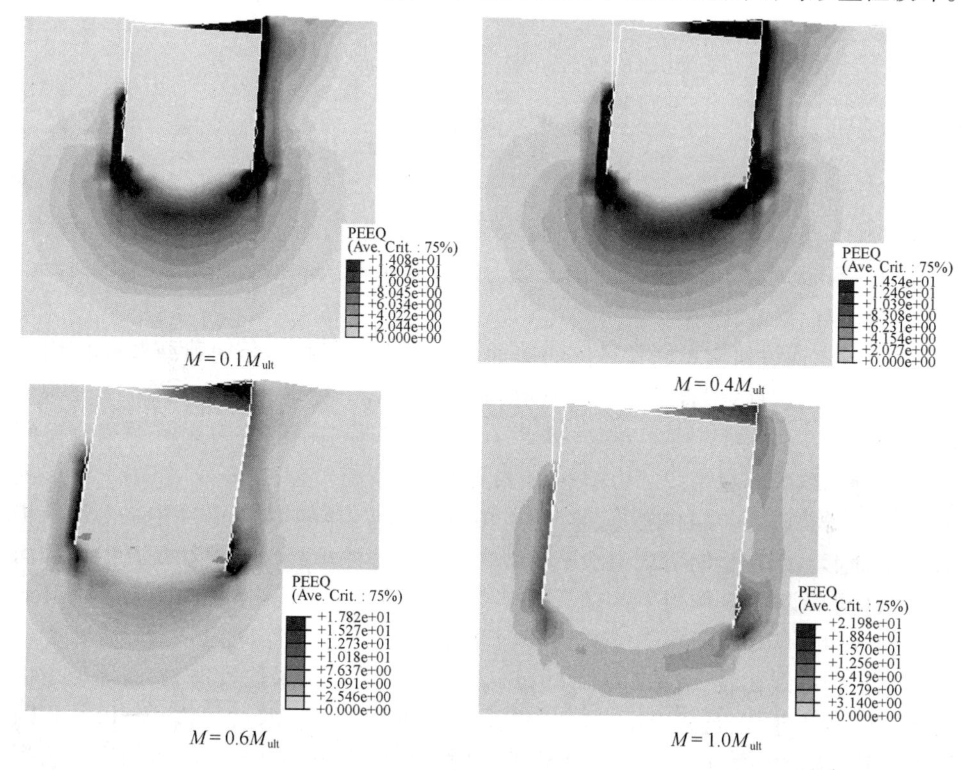

图 6.2 复合加载模式下极限平衡状态时地基中等效塑性应变分布

6.3.1.2 破坏包络线

首先，针对长径比 $L/D=1$ 的单桶基础，研究其在水平荷载和竖向荷载共同作用下的破坏包络线特性。图 6.3 给出了在 $V-H$ 应力空间内不同加载方式所得到的破坏包络线。由图可知：①不同 Swipe 试验加载方法得到了不同的复合加载破坏曲线，各个曲线都在不同的破坏点发生弯曲，此弯曲破坏点即为复合加载破坏包络点，连接这些破坏包络点就构成了复合加载破坏包络线。②在水平荷载和竖向荷载共同作用下，当水平荷载不超过水平极限承载力的 50% 时，桶形基础的竖向

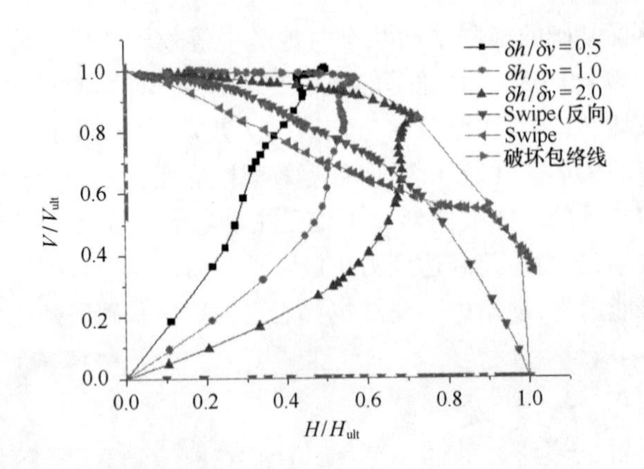

图 6.3　不同加载方法所得到的破坏包络线

承载力基本保持不变，如图所示，该曲线呈水平线变化；当水平荷载超过水平极限承载力的50%时，桶形基础的竖向承载力随着水平荷载的增大而降低，如图所示，该曲线呈双曲线变化。

进一步，通过研究不同长径比的单桶基础在水平荷载与竖向荷载共同作用下的破坏包络线特性，拟合了 $V-H$ 空间内破坏包络线的数学表达式。图 6.4 在 $M=0$ 平面内给出了不同长径比 $L/D=0.5$、1.0、2.0 桶形基础的应力无量纲和应力归一化复合加载破坏包络线。由图 6.4(a) 可知：①不同长径比(L/D)作用下桶形基础的复合加载破坏包络线变化趋势基本相似；随着 L/D 的增加，破坏包络面逐渐扩大。②桶形基础在竖向荷载与水平荷载共同作用下的承载性能随着 L/D 的增加而提高，这与单调加载作用下的情况基本一致。进而，与 Vesic[73]、Bolton[205]、Murff[93]、Bransby 与 Randolph[95, 96] 等针对浅基础在 $V-H$ 应力空间内应力归一化复合加载破坏包络线比较，由图 6.4(b) 可知：①有限元计算结果比较理想，破坏包络面变化趋势基本相似，且相差不大；②有限元计算所得的不同长径比 $L/D=0.5$、1.0、2.0 桶形基础的应力归一化复合加载破坏包络面与 Bransby 与 Randolph[95, 96] 所提出的方法计算所得的破坏包络面更为接近。

根据图 6.4(b) 应力归一化复合加载破坏包络面，拟定椭圆曲线方程：

$$\left(\frac{H}{H_{ult}}\right)^{\alpha_1}+\left(\frac{V}{V_{ult}}\right)^{\beta}=1 \tag{6.5}$$

Senders 和 Kay[206] 建议 α_1 和 β 取值为 3。考虑到桶形基础长径比(L/D)的影响，将其影响因素计算到 α_1 和 β 中，通过计算验证，建议：

$$\begin{cases}\alpha_1=1.5+\dfrac{L}{D}\\[2mm]\beta=4.5-\dfrac{L}{3D}\end{cases} \tag{6.6}$$

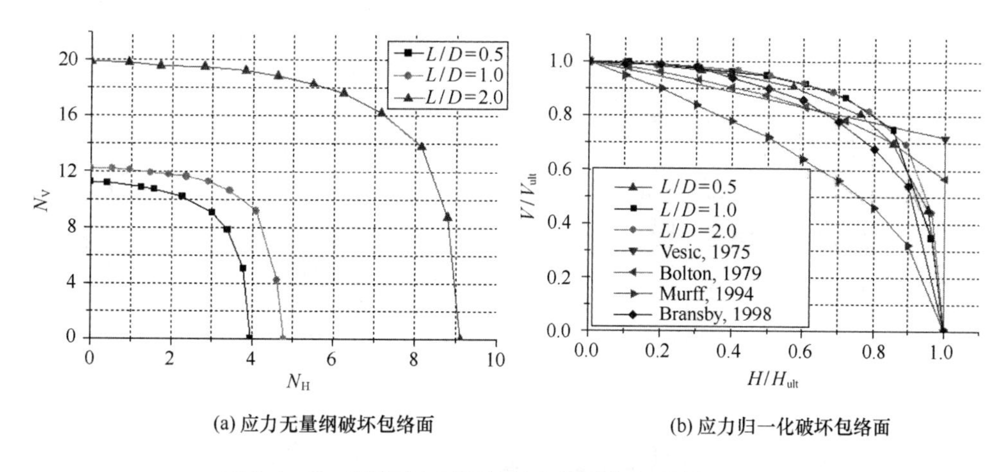

(a) 应力无量纲破坏包络面　(b) 应力归一化破坏包络面

图 6.4　$V-H$ 平面内不同长径比的桶形基础破坏包络面

图6.5在$V-H$平面内分别给出了不同长径比$L/D=0.5$、1.0、2.0单桶基础的归一化复合加载破坏包络面与所建议的椭圆曲线方程及Bransby与Randolph[95, 96]所计算的破坏包络面之间的关系。由图可知：①所建议的椭圆方程曲线与有限元计算所得到的破坏包络面基本一致，可以很好地近似模拟不同长径比（L/D）桶形基础在$V-H$平面内的破坏包络面曲线形式；②随着长径比L/D的增加，Bransby与Randolph[95, 96]所计算的破坏包络面与有限元计算的破坏包络面曲线逐渐产生误差，而本文所建议的椭圆方程曲线随着长径比L/D的增加而变化，与有限元计算结果相吻合。

6.3.2　$V-M$ 荷载空间承载特性

6.3.2.1　地基破坏机制

针对不同水平荷载（H）作用，图6.6给出了竖向荷载与力矩荷载共同作用的复合加载模式下单桶基础的极限平衡状态时地基中等效塑性应变分布。由图可知，当水平荷载分量$H<0.6H_{ult}$时，地基的破坏模式基本一样，即桶形基础底部形成连贯的勺形塑性破坏区；在与水平位移方向或与力矩旋转方向相同的桶体一侧形成了处于被动状态的楔形塑性破坏区，而且等效塑性应变较大；而与水平位移方向或与力矩旋转方向相反的桶体一侧形成了处于主动状态的楔形塑性破坏区，其等效塑性应变不断减小；当水平荷载达到水平极限承载力即$H=1.0H_{ult}$时，桶形基础两侧楔形塑性区可能消失，地基失稳模式主要表现为桶形基础底部的勺形塑性破坏。

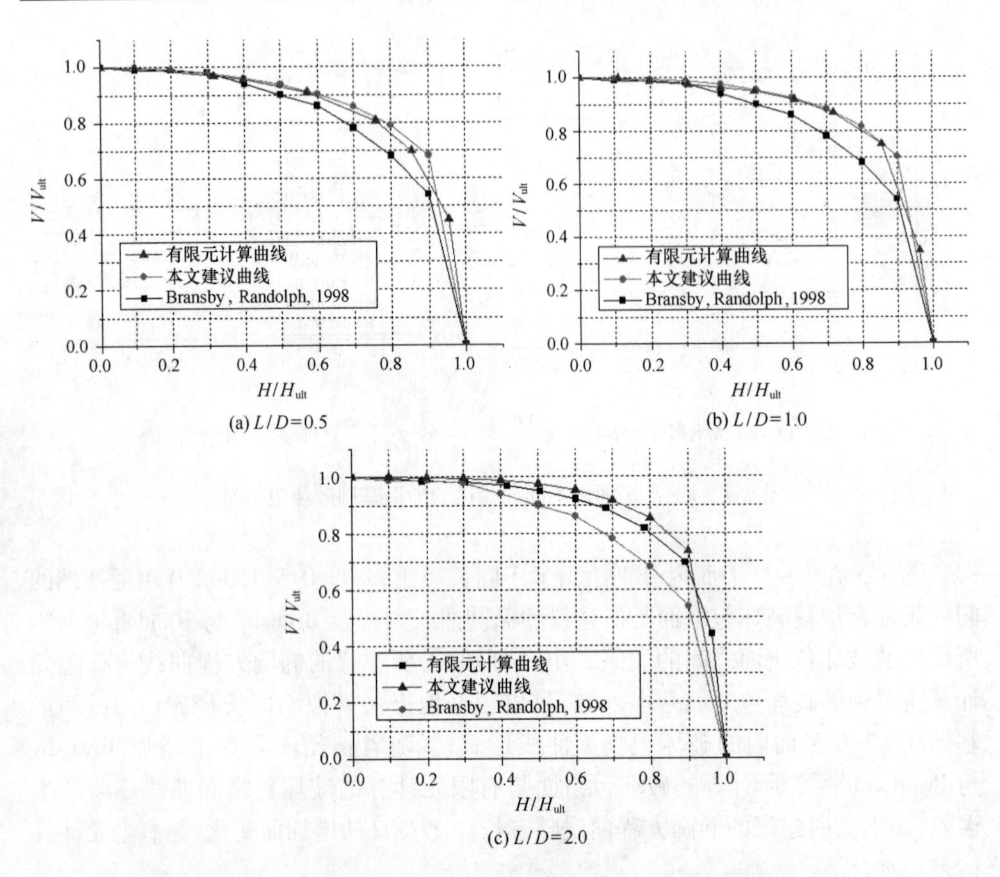

图6.5 $V-H$平面内归一化破坏包络面与所建议椭圆方程曲线关系

6.3.2.2 破坏包络线

首先，针对长径比$L/D=1$的单桶基础，研究其在竖向荷载与力矩荷载共同作用下的破坏包络线特性。图6.7给出了在$V-M$应力空间内不同加载方式所得到的归一化破坏包络线。由图可知，在竖向荷载和力矩荷载共同作用下，当竖向荷载不超过竖向极限承载力的40%时，桶形基础的力矩承载力基本保持不变，如图所示，该曲线呈水平线变化；当竖向荷载超过竖向极限承载力的40%时，桶形基础的力矩承载力随着竖向荷载的增大而降低，如图所示，该曲线呈双曲线变化。

进一步，通过研究不同长径比的桶形基础在竖向荷载与力矩荷载共同作用下的破坏包络线特性，拟合了$V-M$应力空间内破坏包络线的数学表达式。图6.8在$V-M$应力空间内分别给出了不同长径比$L/D=0.5$、1.0、2.0桶形基础的应力无量纲和应力归一化复合加载破坏包络面。由图6.8(a)可知：①桶形基础在不同长径比(L/D)作用下的应力无量纲破坏包络面变化趋势基本相似，且随着L/D值

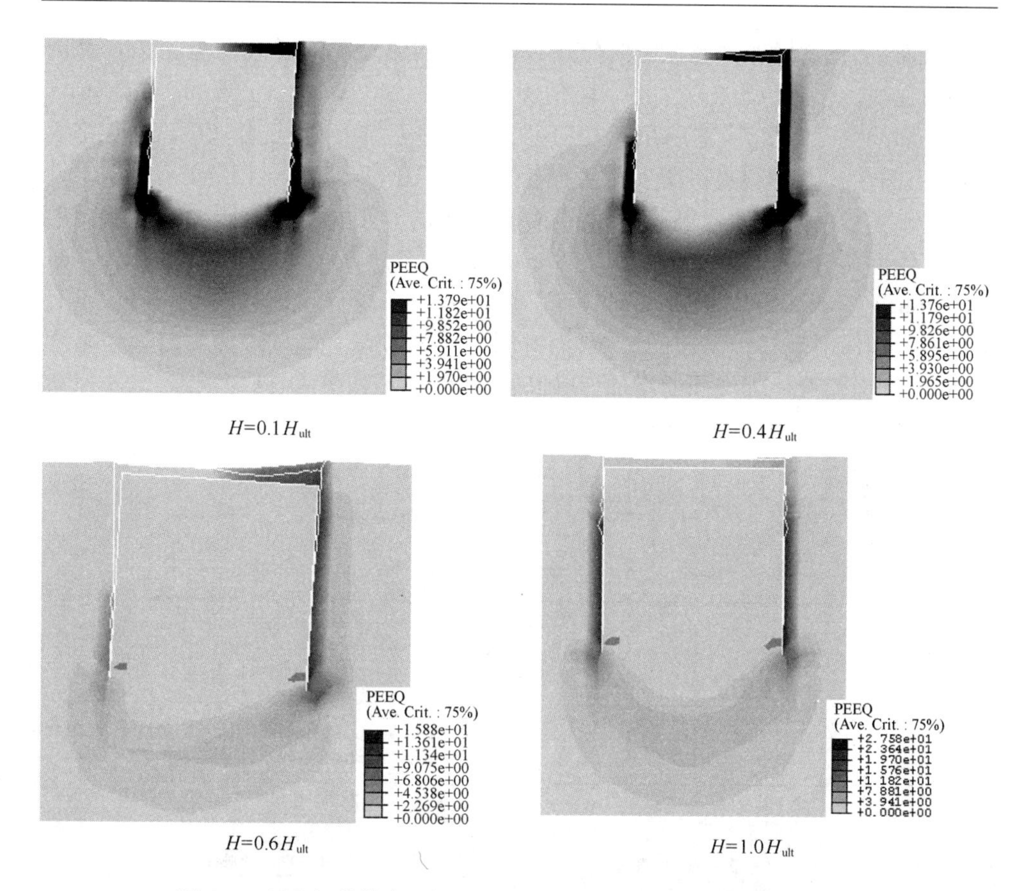

图 6.6 复合加载模式下极限平衡状态时地基中等效塑性应变分布

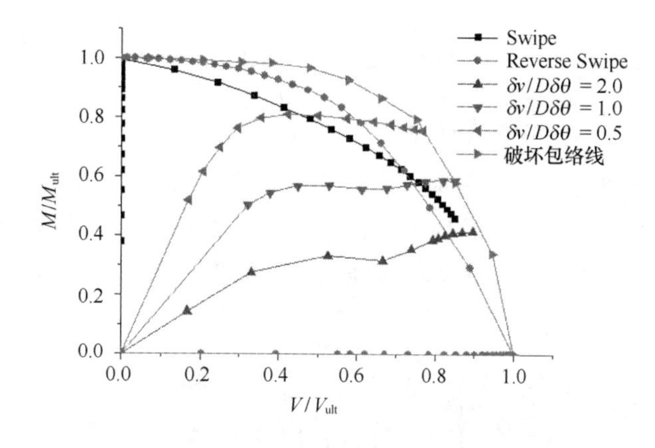

图 6.7 $V-M$ 平面内归一化破坏包络线

的增大而扩大；②桶形基础在竖向荷载与力矩共同作用下的承载性能随着 L/D 的增加而提高，这与单调加载作用下的情况基本一致。进一步，与 Murff[93]、Bransby 与 Randolph[95, 96] 针对浅基础在 $V-M$ 应力空间内应力归一化复合加载破坏包络面比较，由图 6.8(b) 可知，有限元计算结果与 Murff[93]、Bransby 与 Randolph[95, 96] 计算所得破坏包络面变化趋势并不相同，存在一定的差距。其中有限元计算所得的破坏包络面包含 Murff[93]、Bransby 与 Randolph[95, 96] 计算所得的破坏包络面，这是由于 Murff[93]、Bransby 与 Randolph[95, 96] 方法是针对海洋浅基础进行的分析，没有考虑基础埋深对破坏包络面的影响；而有限元计算考虑了基础埋深对破坏包络面的影响，从而随着基础埋深的增加，基础破坏包络面不断扩大，这与王志云等[184] 所得到的结论基本一致。

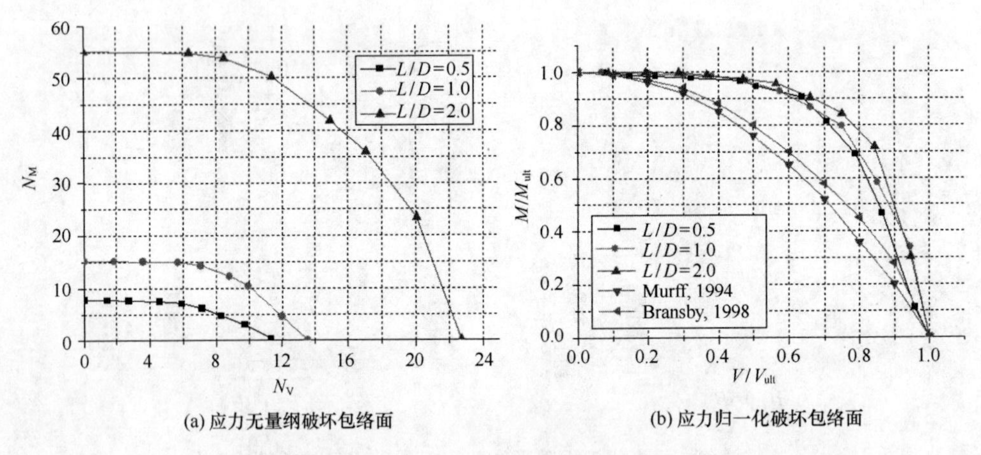

(a) 应力无量纲破坏包络面　　(b) 应力归一化破坏包络面

图 6.8　$V-M$ 平面内破坏包络面

进一步，根据图 6.8(b) 应力归一化复合加载包络面，拟定椭圆曲线方程：

$$\left(\frac{M}{M_{ult}}\right)^{\alpha_2} + \left(\frac{V}{V_{ult}}\right)^{\beta} = 1 \tag{6.7}$$

Bransby[207] 等通过研究浅基础在 $V-M$ 荷载空间破坏包络面的分布情况建议 α_2、β 分别取值为 1 和 4。考虑到水平荷载与力矩荷载的作用效果相似性以及桶形基础长径比(L/D)的影响，同样将长径比影响因素考虑到 α_2、β 中，通过计算验证，建议：

$$\begin{cases} \alpha_2 = 0.5 + \dfrac{L}{D} \\ \beta = 4.5 - \dfrac{L}{3D} \end{cases} \tag{6.8}$$

图 6.9 在 $V-M$ 应力空间内分别给出了不同长径比 $L/D=0.5$、1.0、2.0 单桶

基础的归一化复合加载破坏包络面与所建议的椭圆曲线方程关系。由图可知,所建议的椭圆方程曲线与有限元计算所得到的破坏包络面基本一致,可以很好地近似模拟不同长径比(L/D)桶形基础在 $V-M$ 平面内的破坏包络面曲线形式。

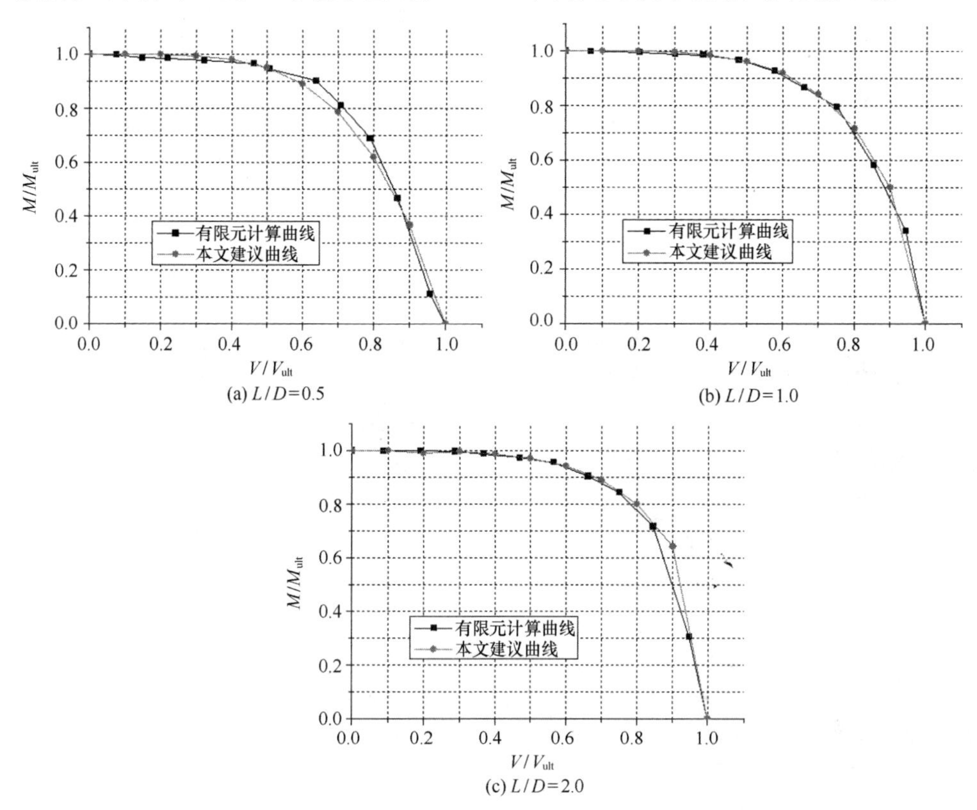

图 6.9 $V-M$ 平面内归一化破坏包络面与所建议椭圆方程曲线关系

6.3.3 $H-M$ 荷载空间承载特性

6.3.3.1 地基破坏机制

针对不同竖向荷载(V)作用,图 6.10 给出了水平荷载与力矩荷载共同作用的复合加载模式下单桶基础的极限平衡状态时地基中等效塑性应变分布。由图可知,地基的破坏模式基本一样,即桶形基础底部形成连贯的勺形塑性破坏区;在与水平位移方向或与力矩旋转方向相同的桶体一侧形成了处于被动状态的楔形塑性破坏区,而且等效塑性应变较大;而与水平位移方向或与力矩旋转方向相反的桶体一侧形成了处于主动状态的楔形塑性破坏区,其等效塑性应变不断减小。

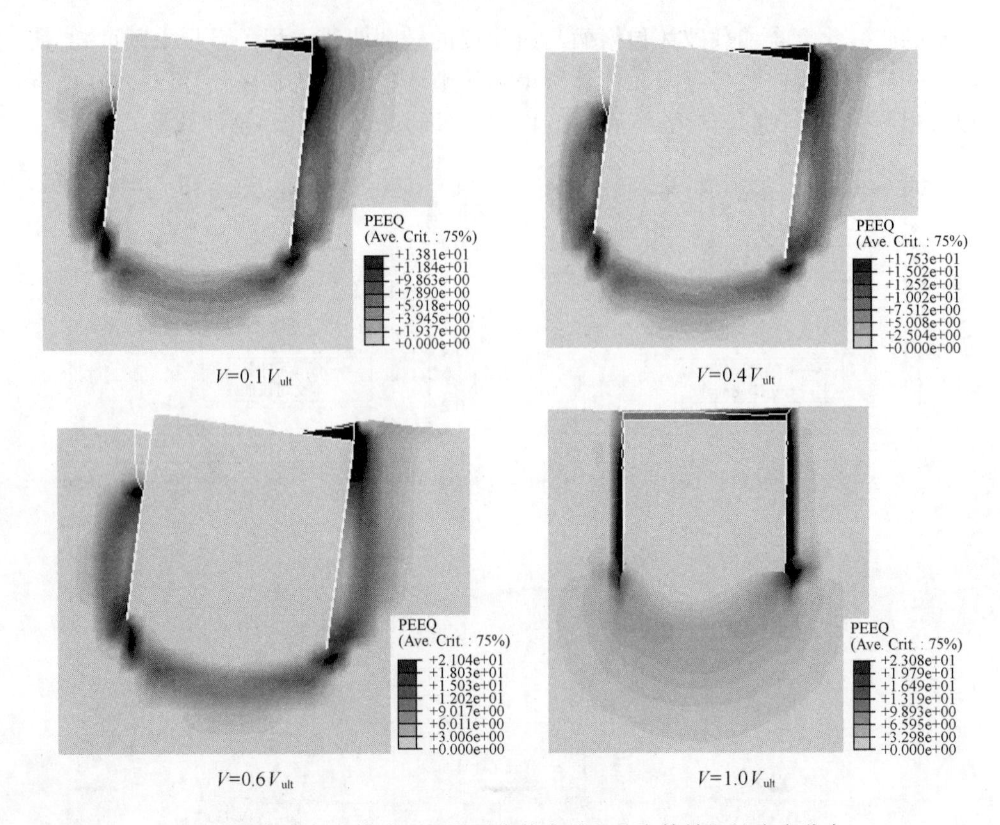

图 6.10　复合加载模式下极限平衡状态时地基中等效塑性应变分布

6.3.3.2　破坏包络线

首先，针对长径比 $L/D=1$ 的单桶基础，研究其在水平荷载与力矩荷载共同作用下的破坏包络线特性。图 6.11 给出了在 $H-M$ 应力空间内单桶基础的地基破坏包络面，并与 Murff[94]、Bransby 与 Randolph[95, 96] 所得到的地基破坏包络面进行了对比。由图可知：①由于水平荷载与力矩荷载作用效果相互影响，其破坏包络线呈非轴对称性。②当水平荷载与力矩荷载作用方向相同时，破坏包络线随着水平荷载的增大而直线增加；当力矩荷载达到力矩极限荷载时，破坏包络线陡然下降，最终达到水平极限荷载。③当水平荷载与力矩荷载作用方向相反时，破坏包络线随着反向水平荷载的增加而降低。这是由于水平荷载与力矩荷载均是风、波浪等作用在海洋平台结构上，通过平台自身结构传递到基础上产生的横向荷载，因此这两种荷载分量存在一定的相互作用和相互影响。与此同时，由第 3 章分析可知，水平荷载与力矩荷载的破坏机理及承载力特性差别不大。④ Murff[94] 所得到的地基破坏包络面低估了复合加载模式下单桶基础的稳定性；而 Bransby 与 Randolph[95, 96]所得到的地基破坏包络面在水平荷载与力矩荷载作用相反时基本与有限元所得到的结果一致，当水平荷载与力矩荷载作用相同时，其包络面图形基本与有限元所得到的图形相似，但包含有限元计算所得到的包络面，即高估了复合加载模式下单桶基础的稳定性。

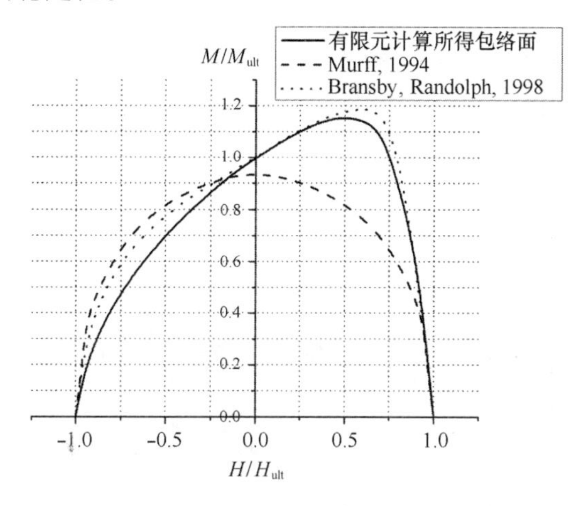

图 6.11　$H-M$ 平面内归一化破坏包络面

进一步，基于 Taiebat 与 Carter[204] 所提出的地基三维破坏包络面的经验数学表达形式，根据图 6.11 应力归一化复合加载包络面，拟定椭圆曲线方程：

$$\left|\left(\frac{H}{H_{ult}}\right)^{\alpha_1}\right| + \left[\frac{M}{M_{ult}}\left(1 - \eta\frac{HM}{H_{ult}\,|M|}\right)\right]^{\alpha_2} = 1 \tag{6.9}$$

式中，η 为土性参数影响因子，对于均质软黏土地基，$\eta = 0.5$ 适合本文所得到的有限元计算结果；考虑到桶形基础长径比（L/D）的影响，同样将长径比影响因素考虑到 α_1 、α_2 中，通过计算验证，建议：

$$\begin{cases} \alpha_1 = 1.5 + \dfrac{L}{D} \\ \alpha_2 = 0.5 + \dfrac{L}{D} \end{cases} \tag{6.10}$$

图 6.12 在 $H-M$ 应力空间内分别给出了不同长径比 $L/D=0.5$、1.0、2.0 单桶基础的归一化复合加载破坏包络面与所建议的椭圆曲线方程关系。由图可知，所建议的椭圆方程曲线与有限元计算所得到的破坏包络面基本一致，可以很好地近似模拟不同长径比（L/D）桶形基础在 $H-M$ 平面内的破坏包络面曲线形式。

6.3.4　$V-H-M$ 荷载空间承载特性

图 6.13 给出了不同力矩荷载 M 作用下所得到的 $V-H$ 破坏包络线。由图可

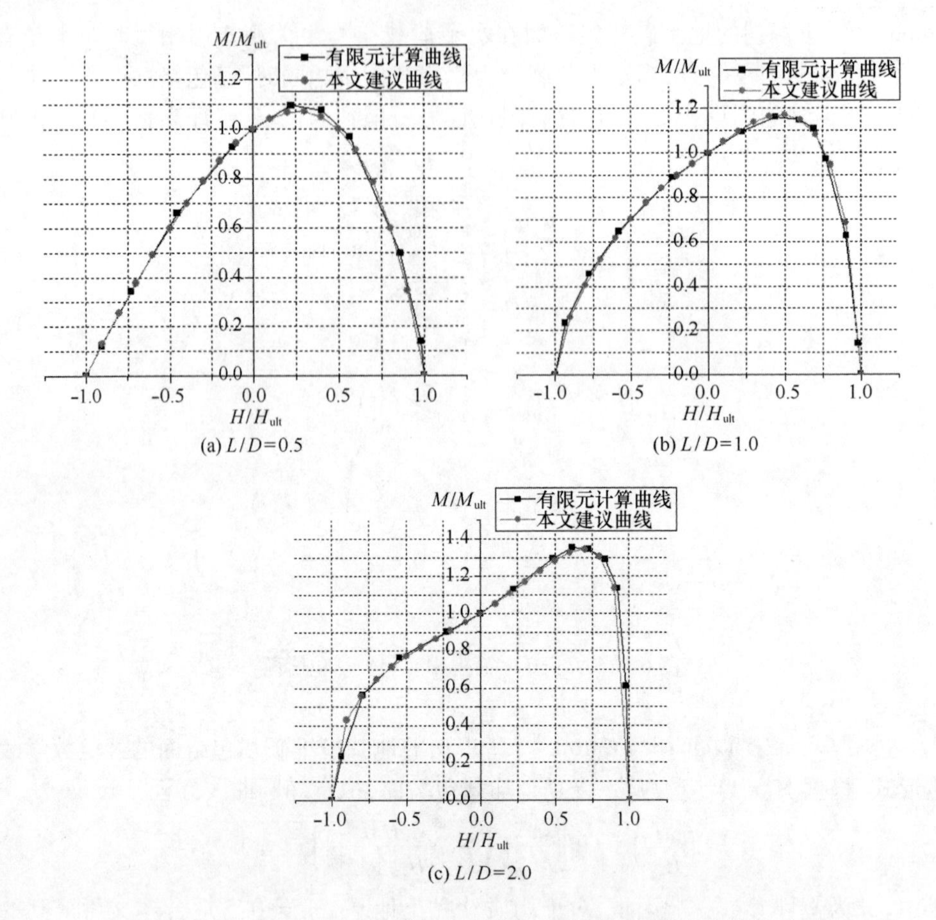

图 6.12　$H-M$ 平面内归一化破坏包络面与所建议椭圆方程曲线关系

知，不同力矩荷载作用下，在 $V-H$ 荷载空间内地基破坏包络图形状相似；随着力矩荷载分量的增大，在 $V-H$ 荷载空间内地基破坏包络图的形状大小逐渐缩小。当 $M=1.0M_{ult}$ 时，地基破坏包络图缩小为一点。

进一步，图 6.14 在 $V-H-M$ 荷载空间内给出了复合加载模式下长径比 $L/D=1.0$ 的单桶基础的三维破坏包络面。由图可知，随着力矩分量的增加，$V-H$ 平面内的破坏包络线逐渐缩小，最终退缩为一点，由此形成一个封闭的 1/4 椭球体。根据实际荷载组合作用下桶形基础的承载力性能与有限元数值计算所推导的空间破坏包络曲面之间的相对关系，可以判断软黏土地基上桶形基础的工作状态，例如当实际荷载组合位于破坏包络面之外时，可以判定地基将可能发生失稳。

进一步，基于不同荷载空间内所推导的地基破坏包络面的数学表达式以及有限元数值计算所得到的地基三维破坏包络面，对 Taiebat 与 Carter[204] 所提出的地基

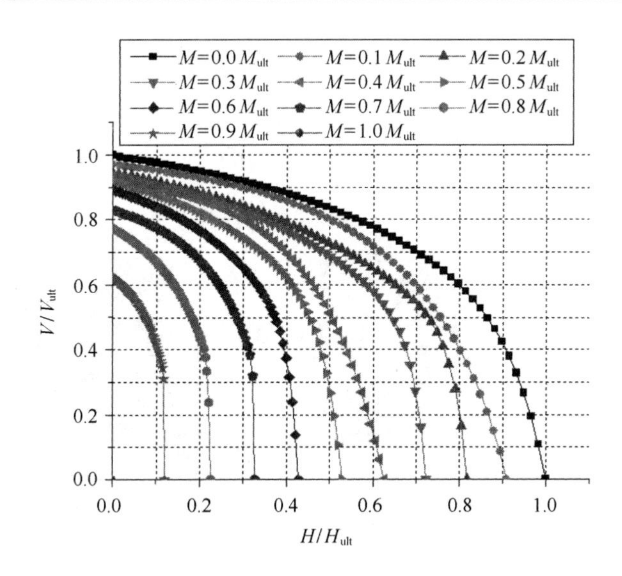

图 6.13 $V-H$ 平面上不同力矩荷载的地基稳定/破坏包络线

三维破坏包络面的经验数学表达形式进行修正,提出了单桶基础在 $V-H-M$ 荷载空间内的地基三维破坏包络面的数学表达式:

$$f = \left(\frac{V}{V_{ult}}\right)^{\beta} + \left[\frac{M}{M_{ult}}\left(1 - \eta\frac{HM}{H_{ult}\,|M|}\right)\right]^{\alpha} + \left|\left(\frac{H}{H_{ult}}\right)^{\alpha+1}\right| - 1 = 0 \qquad (6.11)$$

式中,η 为土性参数影响因子,对于均质软黏土地基,$\eta = 0.5$ 适合本文所得到的有限元计算结果;考虑到桶形基础长径比(L/D)的影响,同样将长径比影响因素考虑到 α 、β 中,通过计算验证,建议:

$$\begin{cases} \alpha = 0.5 + \dfrac{L}{D} \\ \beta = 4.5 - \dfrac{L}{3D} \end{cases} \qquad (6.12)$$

通过对不同荷载空间内地基破坏包络面的拟合可知,式(6.11)改善了 Taiebat 与 Carter[204] 所提出的地基三维破坏包络面的经验数学表达式只能近似模拟长径比(L/D)较小的桶形基础破坏包络面的不足,能够很好地模拟各个荷载空间内的地基破坏包络面,为桶形基础的设计和施工提供理论参考。

6.4 倾斜荷载作用下单桶基础承载力特性研究

桶形基础结构在其正常运行过程中,不仅受到海洋平台结构及其自身所引起的竖向荷载的长期作用,而且一般往往遭受风、波浪等所引起倾斜荷载的循环或瞬

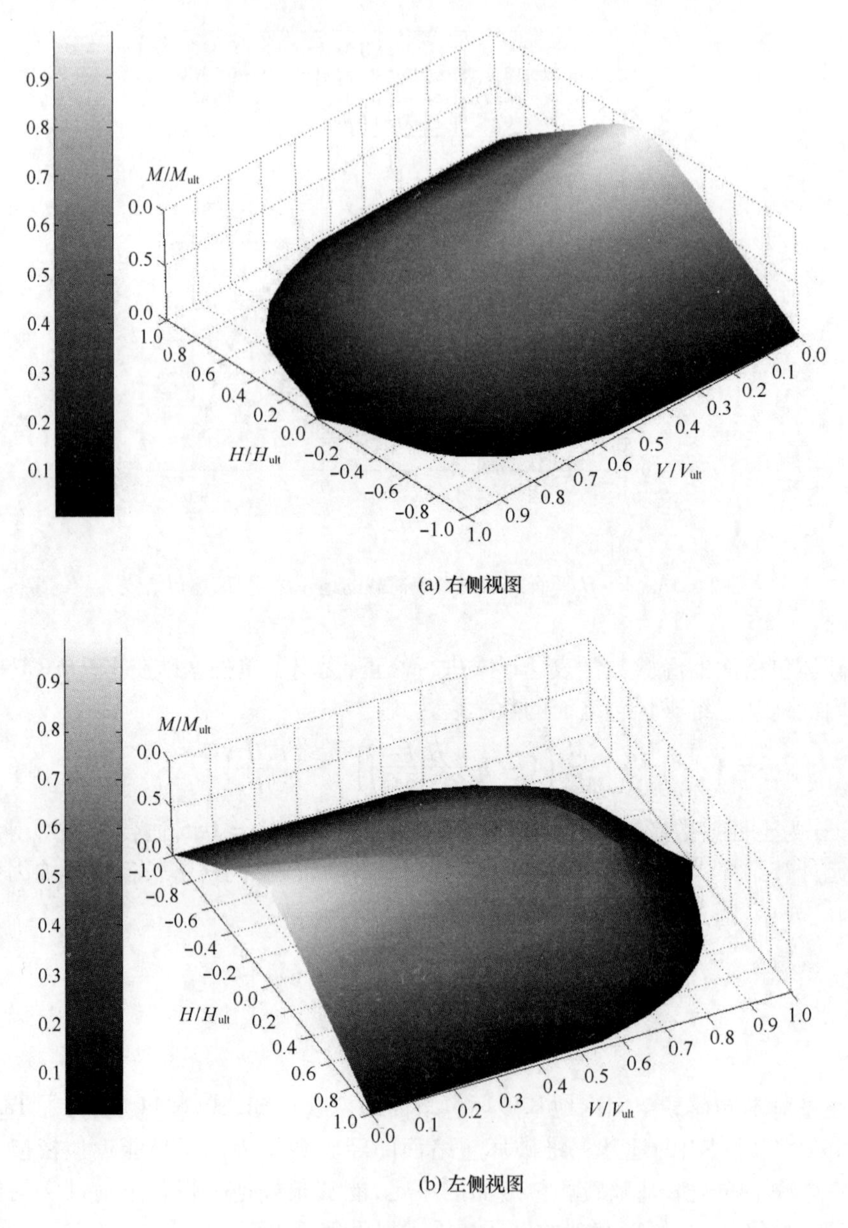

(a) 右侧视图

(b) 左侧视图

图 6.14 $V-H-M$ 三维破坏包络面

时作用。因此,与陆地上建筑物相比,在深水码头、海洋平台等大型港口工程与海洋工程建筑物的基础与地基设计中,除了需要考虑复杂的工程地质条件外,还必须考虑倾斜荷载的影响[208]。针对倾斜荷载作用下桶形基础的极限承载力问题,国内外开展的理论研究工作相对较少。Meyerhof[83]采用理论分析和模型试验,研究了倾斜荷载作用下海洋浅基础地基破坏模式及其承载力特性。Aubeny 等[98]基于极限分析上限分析,探讨了吸力式沉箱在不同倾斜角度抗拔力作用下的承载力特性。然而,针对倾斜荷载作用下桶形基础破坏包络面以及破坏包络面随着偏心距 e 变化的特性尚缺乏深入而系统的探索。

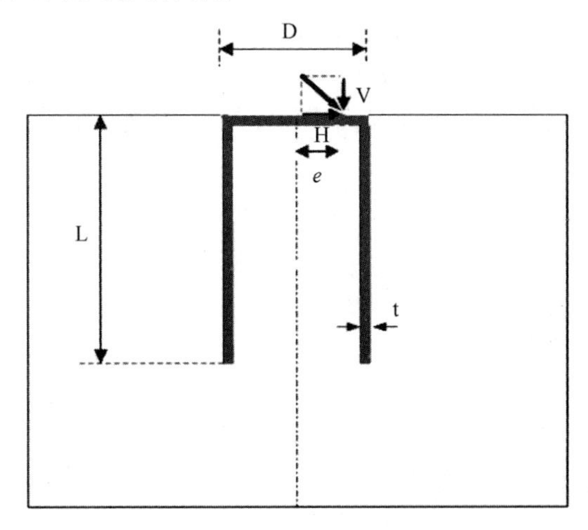

图 6.15 倾斜荷载计算简图

由前面分析可知,对于不同力矩荷载(M)作用,单桶基础在竖向荷载与水平荷载共同作用的复合加载模式下的地基破坏包络面基本相似,且随着力矩荷载分量的增大而缩小,即不同力矩荷载(M)所对应的竖向荷载与水平荷载共同作用的复合加载模式的地基承载力特性是一致的。因此,本文针对力矩荷载为零($M=0$)时的倾斜荷载作用下的单桶基础结构,在大型有限元分析软件 ABAQUS 平台上,探讨了不同长径比($L/D=0.5$、1.0、2.0)单桶基础在倾斜荷载加载模式下的承载力特性。假定水平荷载、竖向荷载分量共同作用且作用点偏离基础中心的加载方式称为倾斜加载模式或者偏心加载模式,如图 6.15 所示,其中 e 为偏心距,V、H 分别为桶形基础顶部所承受的竖向荷载、水平荷载。然而,在有限元计算中按照一定的加载路线或程序进行加载,以此可以唯一地确定地基达到极限平衡状态时所对应的破坏荷载[82]。

6.4.1 单个倾斜荷载分量作用下单桶基础极限承载力特性分析

采用位移控制方法,分别在桶体顶部不同偏心距 e 处施加水平位移、竖向位移,依此分析研究了单个倾斜荷载分量作用下单桶基础的极限承载力及其破坏机制。图 6.16 分别给出了不同长径比(L/D)桶形基础在单个倾斜荷载作用下无量纲极限承载力与偏心距 e 的关系。由图可知:①针对相同的长径比(L/D),水平倾斜承载力系数 N_H 并不随着偏心距 e 的增大而发生显著变化;而竖向倾斜承载力系数 N_V 随着偏心距 e 的增大而降低,并且长径比(L/D)越大其减小幅度越小;其中 L/D =0.5、1.0、2.0 所对应的竖向倾斜承载力系数 N_V 随着偏心距 e 的增大而分别减小了 60.85%、42.54%、34.41%。②针对不同的长径比(L/D),单桶基础在单个水平倾斜荷载作用下的承载力系数 N_H 随着偏心距 e 的增加而基本保持不变,而在竖向倾斜荷载作用下的承载力系数 N_V 随着偏心距 e 的增加而降低。由此可知,在单个倾斜荷载作用下,单桶基础的竖向极限承载力相比水平极限承载力受偏心距 e 的影响显著。

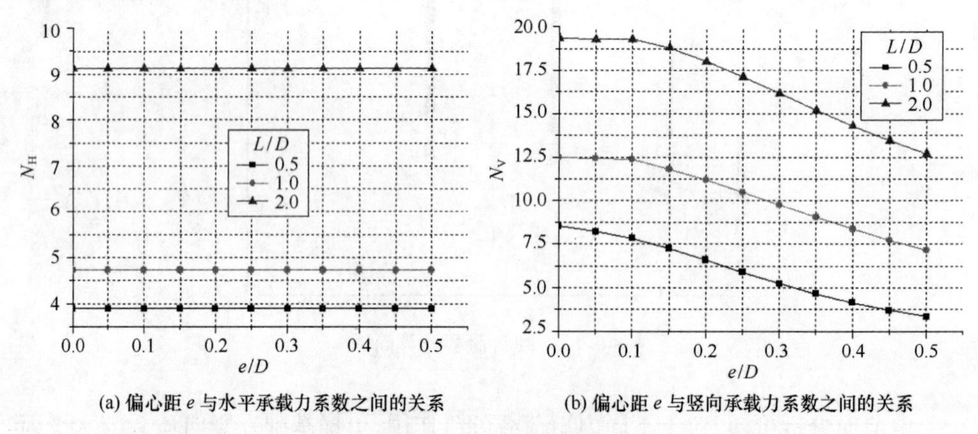

(a) 偏心距 e 与水平承载力系数之间的关系　　(b) 偏心距 e 与竖向承载力系数之间的关系

图 6.16　偏心距 e 与承载力系数之间的关系

图 6.17、图 6.18 分别给出了不同长径比(L/D)单桶基础在单个水平倾斜荷载或单个竖向倾斜荷载作用下的破坏机制。由图可知:①针对相同的长径比(L/D),桶形基础在水平倾斜荷载作用下的地基破坏机制并不随着偏心距 e 的增大而发生显著变化,从而进一步说明了桶形基础的水平倾斜极限承载力受偏心距 e 的影响较小。然而,桶形基础在竖向倾斜荷载作用下的地基破坏机制随着偏心距 e 的增大而发生显著变化,当 e/D = 0.0 时,桶形基础在竖向荷载作用下产生竖直向下的位移破坏模式,且沿桶体中轴线对称分布;当 e/D = 0.25、0.5 时,桶形基础在竖向倾斜荷载作用下绕地基内某点产生旋转的位移破坏模式,并且在远离倾斜荷载作用的一侧土体产生向上挤压破坏趋势,从而形成一个楔形破坏区域;其旋转中心随着偏心距 e 的增加而向桶体中轴线移动。从而进一步说明了桶形基础的竖向倾斜极限承载力受偏心距 e 的影响显著。②针对不同的长径比(L/D),对于相同的偏心距 e,桶形基础在单个水平倾斜荷载或竖向倾斜荷载作用下的地基破坏模式随着偏心距 e 的增加而改变,并且变化趋势基本相同。

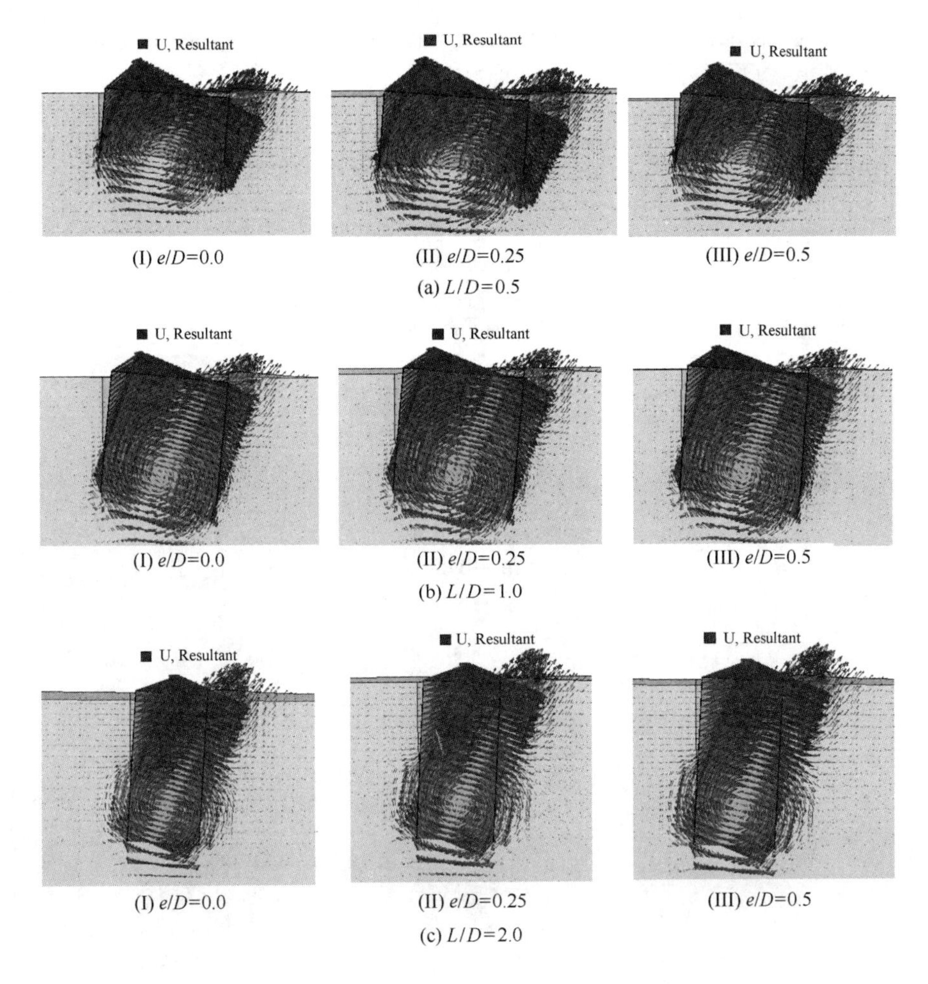

图 6.17　不同长径比(L/D)桶形基础水平倾斜荷载破坏机制

6.4.2　倾斜荷载作用下桶形基础的破坏包络图

对于水平倾斜荷载和竖向倾斜荷载共同作用下的加载模式,通过有限元弹塑性数值计算,研究了单桶基础在水平倾斜荷载与竖向倾斜荷载共同作用下的极限承载力特性,进而建立了不同偏心距 e 所对应的 $V-H$ 荷载空间内的极限荷载包络面。图 6.19 分别给出了不同长径比(L/D)单桶基础在水平倾斜荷载与竖向倾斜荷载共同作用下的归一化 $V-H$ 荷载空间内的极限荷载包络面与偏心距 e 之间的关系,其中 H_{ult}、V_{ult}分别当 $e/D=0$ 时水平荷载、竖向荷载单独作用下所对应的极限承载力。由图可知:①针对相同的长径比(L/D),倾斜荷载作用下桶形基础的破坏

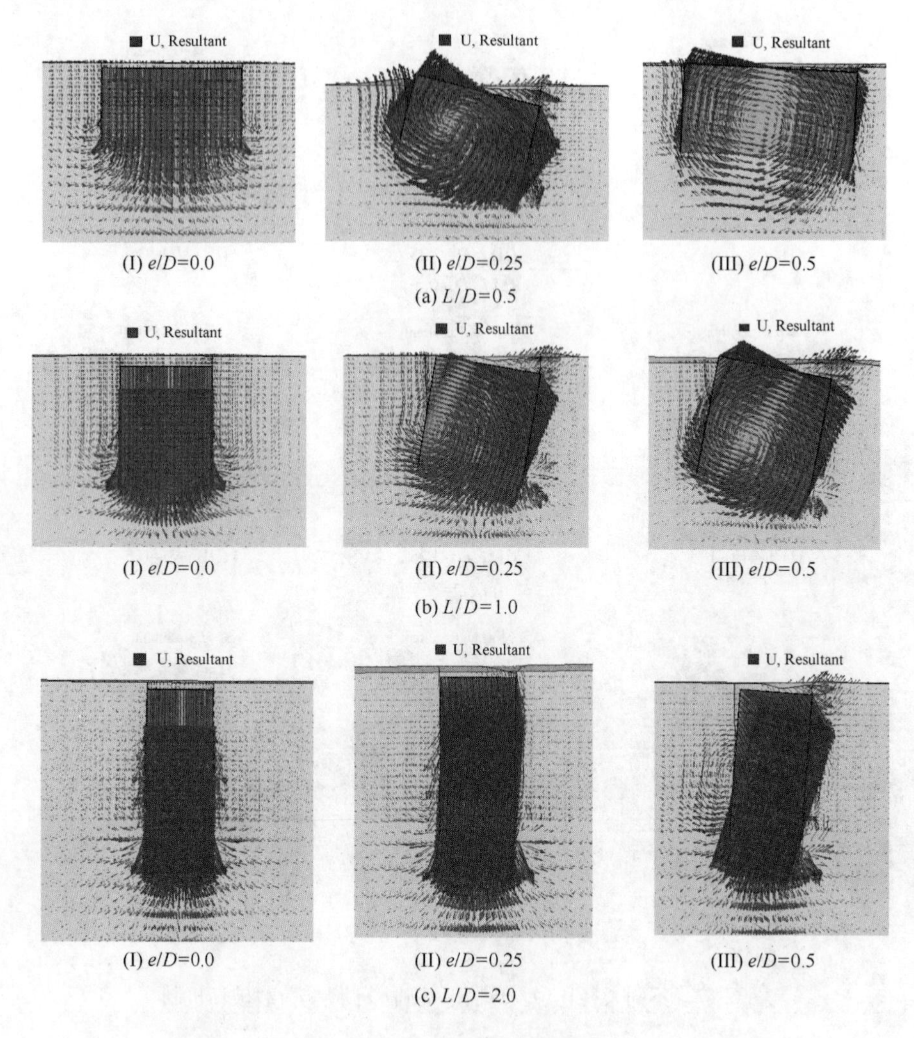

(I) e/D=0.0　(II) e/D=0.25　(III) e/D=0.5

(a) L/D=0.5

(I) e/D=0.0　(II) e/D=0.25　(III) e/D=0.5

(b) L/D=1.0

(I) e/D=0.0　(II) e/D=0.25　(III) e/D=0.5

(c) L/D=2.0

图6.18　不同长径比(L/D)桶形基础竖向倾斜荷载破坏机制

包络面形状随着偏心距 e 的增加而缩小,其中破坏包络面水平归一化系数 H/H_{ult} 基本不变,而竖向归一化系数 V/V_{ult} 逐渐减小,这与单个倾斜荷载作用下桶形基础的承载力特性基本相同。②针对不同的长径比(L/D),桶形基础在水平倾斜荷载、竖向倾斜荷载共同作用下的归一化破坏包络面基本类似。

进一步,图6.20分别给出了不同长径比(L/D)桶形基础在水平倾斜荷载与竖向倾斜荷载共同作用下的归一化 $V-H$ 极限荷载与偏心距 e 之间的三维破坏包络图。通过比较可知,三维破坏包络面随着长径比(L/D)的增大而扩大,而随着偏心距 e 的增加而缩小。图6.21给出了同一坐标系内不同长径比(L/D)桶形基础在水

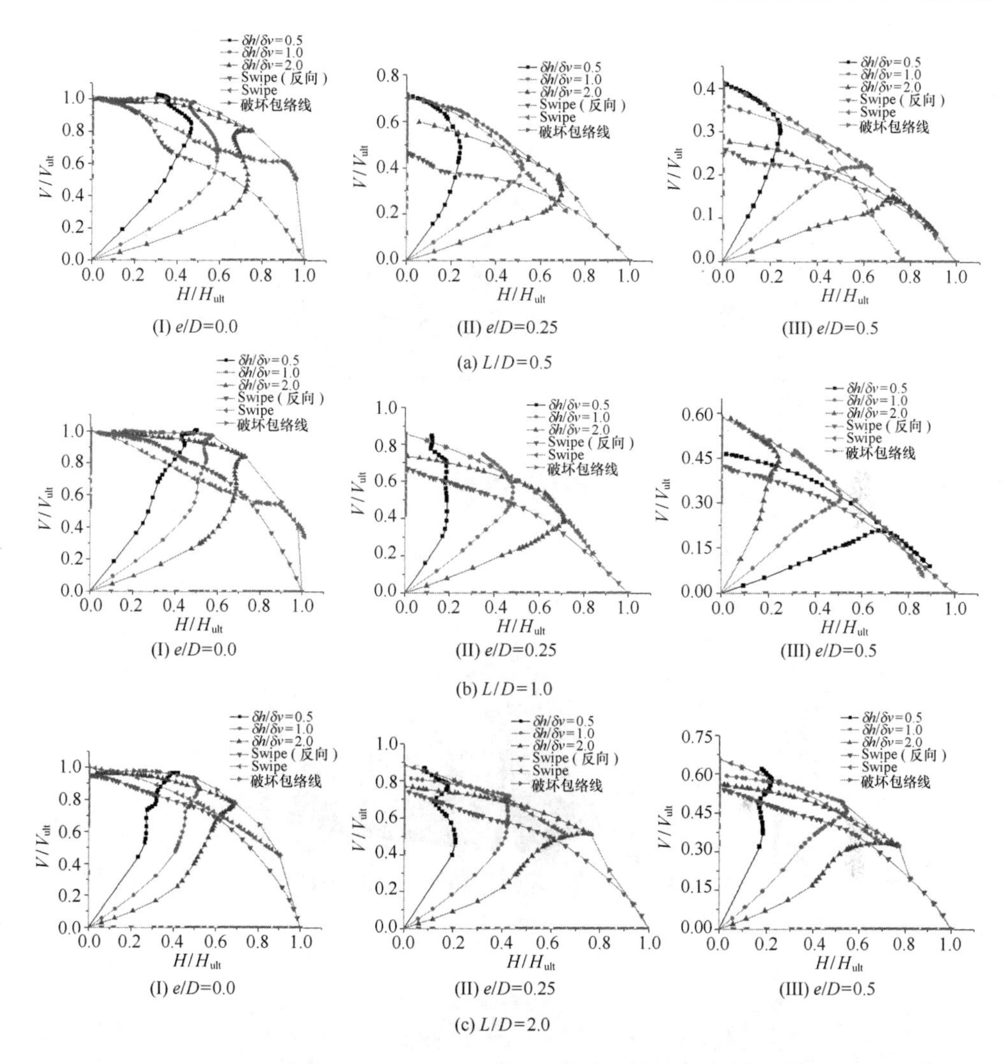

图 6.19　倾斜荷载作用下不同长径比(L/D)桶形基础破坏包络线

平倾斜荷载与竖向倾斜荷载共同作用下的 $V-H$ 极限荷载与偏心距 e 之间的三维破坏包络图，其中，破坏包络面由里向外分别是长径比(L/D)为 0.5、1.0、2.0。由图可知，当 $e/D=0.0$ 时，不同长径比(L/D)桶形基础所对应的破坏包络面形状一致；而随着偏心距 e 的增加，其破坏包络面逐渐缩小，且长径比 $L/D=2.0$ 的桶形基础破坏包络面相比长径比 $L/D=0.5$ 的桶形基础破坏包络面缩小缓慢。因而，可以根据实际的倾斜荷载加载状态与这种空间破坏包络曲面之间的相对关系，判断实际倾斜荷载作用下桶形基础的工作状态。

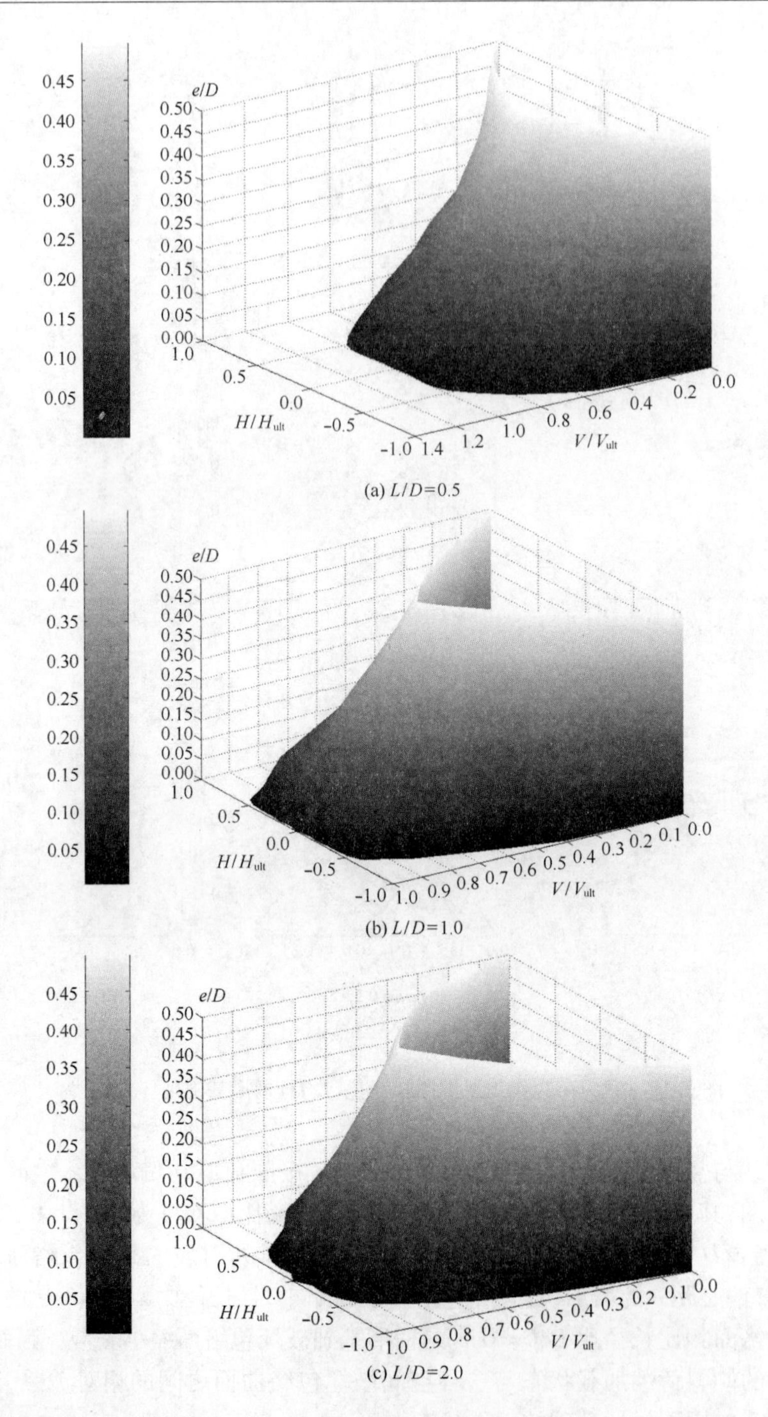

(a) L/D=0.5

(b) L/D=1.0

(c) L/D=2.0

图6.20　倾斜荷载作用下不同长径比(L/D)桶形基础的 $V-H-e$ 三维破坏包络面

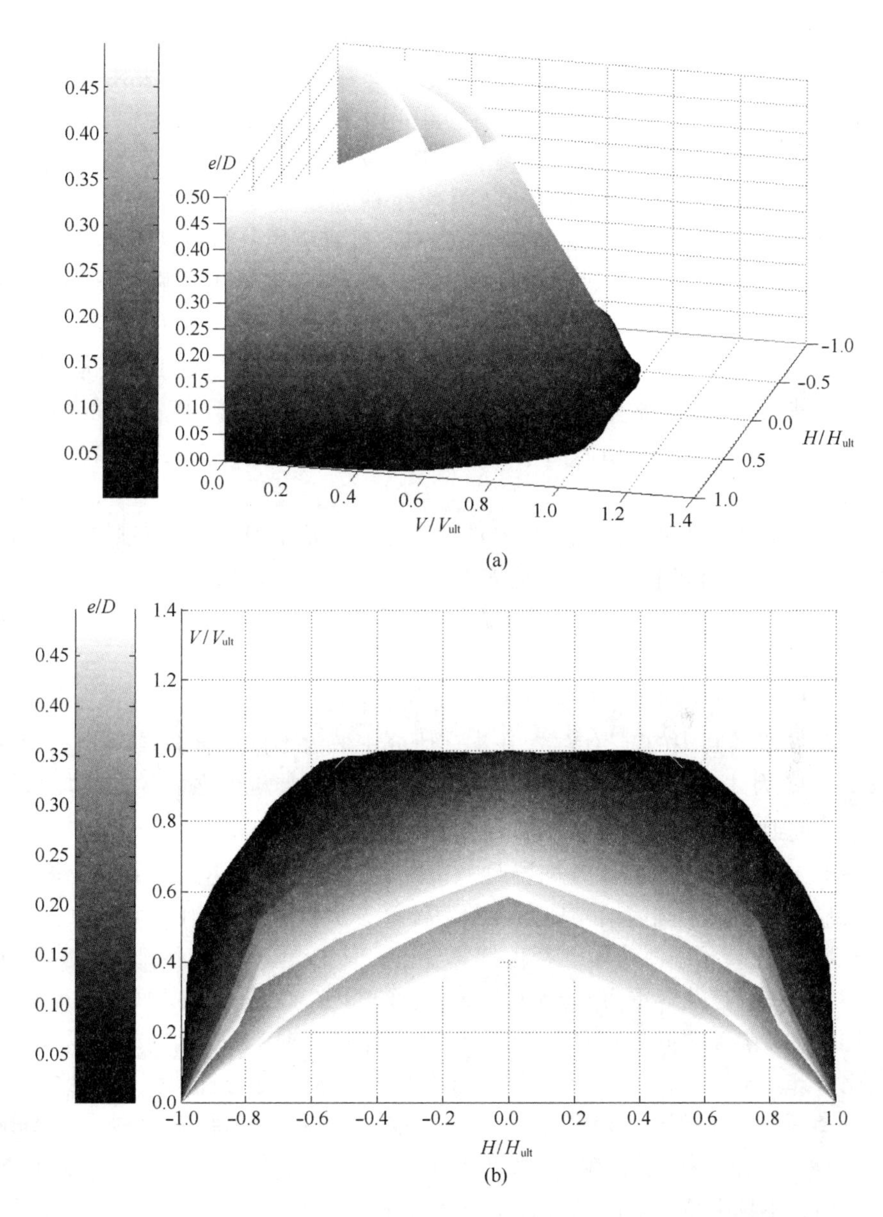

图 6.21 $V-H-e$ 三维破坏包络面

6.5 横观各向异性软基上桶形基础承载力特性研究

作为海洋地基基础,考虑软黏土不排水抗剪强度横观各向异性对地基承载力特性的影响也是评价地基稳定性的一个重要因素。Casagrande 与 Carillo[209]针对不排水抗剪强度横观各向异性,提出了一种简易计算方法。Hill[210]将 Mises 屈服准则修正为椭圆形式研究了软黏土不排水抗剪强度横观各向异性的变化规律。Davis 与 Christian[211]基于 Casagrande 与 Carillo 和 Hill 的分析方法基础上,提出了一种改进的软黏土椭圆形屈服准则。Aubeny 等[125]采用 Hill 屈服准则,针对不排水抗剪强度横观各向异性软黏土地基上吸力式沉箱的水平承载力,进行了有限元数值分析。范庆来等[178]也基于 Hill 屈服准则,探讨了深埋式大圆筒结构在横观各向异性软黏土地基上的极限承载力特性。然而,以上研究分析中,对于复合加载模式下地基承载力及破坏包络面与不排水抗剪强度横观各向异性之间的相互关系缺乏研究。

对于不排水抗剪强度横观各向异性软黏土采用基于 Hill 屈服准则的理想弹塑性本构模型,Hill 屈服准则可以表达如下:

$$f = J^{1/2} - k = 0 \tag{6.13}$$

其中:

$$J = a_1(\sigma_z - \sigma_x)^2 + a_2(\sigma_z - \sigma_y)^2 + a_3(\sigma_x - \sigma_y)^2 + a_4\tau_{zx}^2 + a_5\tau_{yz}^2 + a_6\tau_{xy}^2$$

式中,k 为屈服准则中的强度参数,在本文研究中取为不排水直剪强度 S_{ussv},a_1、a_2、a_3、a_4、a_5、a_6 为试验标定参数,可以根据三轴压缩或拉伸抗剪强度 S_{utx}、旁压仪强度 S_{upm}及直剪强度确定[125]。

基于 Aubeny 等[125]横观各向异性软黏土的土工试验数据,采用范庆来等[178]针对软基上深埋式大圆筒结构稳定性数值计算方法,对于长径比($L/D=1$)的吸力式桶形基础,进行了三维有限元数值计算分析。其中,地基土的不排水直剪强度为 $S_{ussv}=8.66$ kPa,有效容重为 $\gamma=5.0$ kN/m^3。Ladd[212]总结了不同剪切模式下软黏土不排水抗剪强度之间的相互关系及其变化范围,三轴压缩不排水强度与直剪强度之比为 $S_{utc}/S_{ussv}=1.04\sim1.33$,而三轴拉伸不排水强度与直剪强度之比为 $S_{ute}/S_{ussv}=0.55\sim0.96$,但是对于 S_{upm}/S_{ussv},目前还缺乏比较系统的数据。Aubeny 等[125]根据一定的土工试验数据,建议采用 $S_{upm}/S_{ussv}=1$。为了进行比较,表 6.2 给出了软黏土不排水抗剪强度横观各向异性情况。

表 6.2 变动参数对比研究中所考虑的软黏土强度各向异性情况[178]

Case	S_{utc}/S_{ussv}	S_{ute}/S_{ussv}	S_{upm}/S_{ussv}
各向同性	0.866	0.866	1
A	1.33	0.96	1
B	1.04	0.55	1
C	1.04	0.55	0.55

6.5.1 单调荷载作用下单桶基础的承载性能研究

采用位移控制方法,分别在桶体顶部施加水平位移、竖向位移和转角,从而确定单个荷载分量作用下单桶基础的极限承载力。

表6.3给出了软黏土不排水抗剪强度横观各向异性对桶形基础极限承载力的影响关系。由表可知:①软黏土不排水抗剪强度横观各向异性对于吸力式桶形基础的承载力系数具有比较显著的影响,并且竖向极限承载力要比水平、力矩极限承载力影响显著。②当软黏土地基的三轴压缩不排水抗剪强度 S_{utc} 与三轴拉伸不排水强度 S_{ute} 都比较高时,例如 Case A,按照强度各向同性进行分析是偏于安全的。③当软黏土地基的三轴拉伸不排水抗剪强度 S_{ute} 比较低时,例如 Case B 和 Case C,按照强度各向同性进行分析则偏于不安全。④在 Ladd[213] 总结了不同剪切模式下软黏土不排水抗剪强度之间的相互关系及其变化范围中,当软黏土地基的 S_{utc}/S_{ussv}、S_{ute}/S_{ussv} 取值最小时,即 Case C,有限元计算所得到的水平、竖向、力矩承载力系数分别相比各向同性的降低了 24.39%、26.94%、26.24%。

表 6.3 各种强度各向异性情况下吸力式桶形基础承载力

承载力系数	$L/D=1$		
	水平(H/AS_{ussv})	竖向(V/AS_{ussv})	力矩(M/ADS_{ussv})
各向同性	4.51	11.73	3.43
Case A	4.98	12.71	3.81
Case B	4.32	9.95	3.24
Case C	3.41	8.57	2.53

6.5.2 复合加载模式下桶形基础的承载性能研究

针对不同荷载组合方式共同作用的复合加载模式,采用 Swipe 试验加载方法进行了加载数值计算,由此确定了不排水抗剪强度横观各向异性对于不同荷载空间内的破坏包络面的影响。

6.5.2.1 $V-H$ 应力空间内破坏包络线

图6.22在 $V-H$ 应力空间内分别给出了单桶基础的应力无量纲和归一化复合加载破坏包络面,其中在应力归一化破坏包络面中的 V_{ult} 与 H_{ult} 分别为四种情况各自所对应的极限承载力。由图可知:①桶形基础在不同 S_{utc}、S_{ute} 值作用下的应力无量纲破坏包络面形状基本相似;当 S_{utc}、S_{ute} 值比较高时,其破坏包络面包含各向同性情况,如Case A,而当 S_{ute} 值比较低时,其破坏包络面包含于各向同性情况,如Case C。②在应力归一化平面内,桶形基础的破坏包络面形状基本一致,但破坏包络面随着 S_{utc}、S_{ute} 值的减小而缩小。

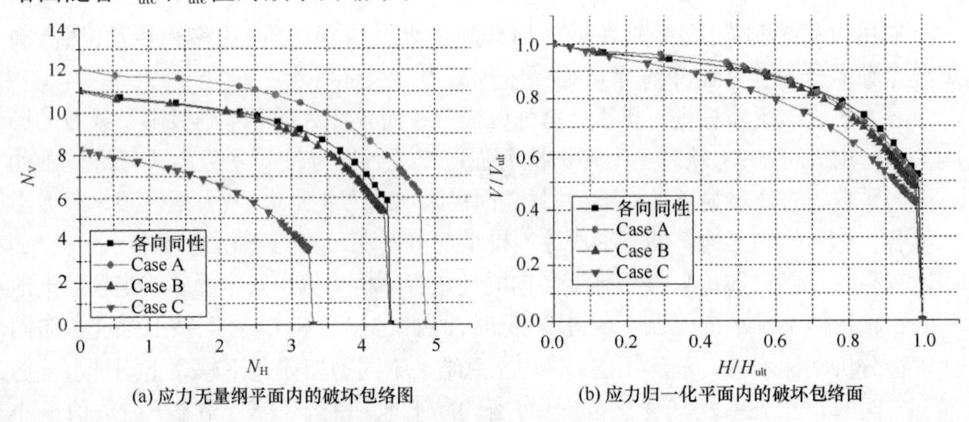

图6.22 $M=0$ 平面内的破坏包络面

6.5.2.2 $V-M$ 应力空间内破坏包络线

图6.23在 $V-M$ 应力空间内分别给出了单桶基础的应力无量纲和归一化复合加载破坏包络面,其中在应力归一化破坏包络面中的 V_{ult} 与 M_{ult} 分别为四种情况各自所对应的极限承载力。由图可知:①桶形基础在不同 S_{utc}、S_{ute} 值作用下的应力无量纲破坏包络面形状基本相似;当 S_{utc}、S_{ute} 值比较高时,其破坏包络面包含各向同性情况,如Case A,而当 S_{ute} 值比较低时,其破坏包络面包含于各向同性情况,如Case C。②在应力归一化平面内,桶形基础的破坏包络面形状基本一致,但破坏包络面随着 S_{utc}、S_{ute} 值的减小而缩小,这与 $V-H$ 应力空间内破坏包络线变化规律一致。

6.5.2.3 $H-M$ 应力空间内破坏包络线

图6.24在 $V=0$ 平面内分别给出了单桶基础的应力无量纲和归一化复合加载破坏包络面,其中在应力归一化破坏包络面中的 H_{ult} 与 M_{ult} 分别为四种情况各自所

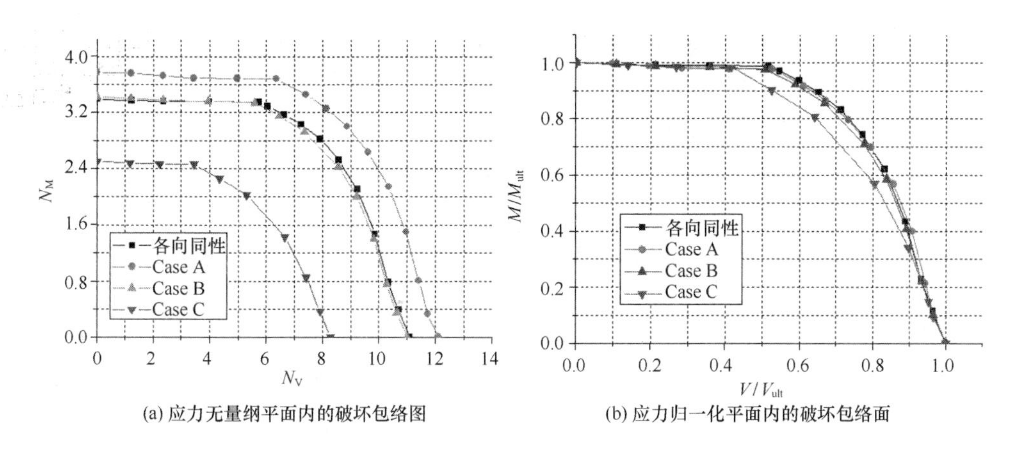

图 6.23　$H=0$ 平面内的破坏包络面

对应的极限承载力。由图可知:①桶形基础在不同 S_{utc}、S_{ute}值作用下的应力无量纲破坏包络面形状基本相似;当 S_{utc}、S_{ute}值比较高时,其破坏包络面包含各向同性情况,如 Case A,而当 S_{ute}值比较低时,其破坏包络面包含于各向同性情况,如 Case C。②在应力归一化平面内,桶形基础的破坏包络面形状基本一致,且破坏包络面并不随着 S_{utc}、S_{ute}值的变化而显著变化,这与 $V-H$、$V-M$ 荷载空间内所得到的变化规律不同。

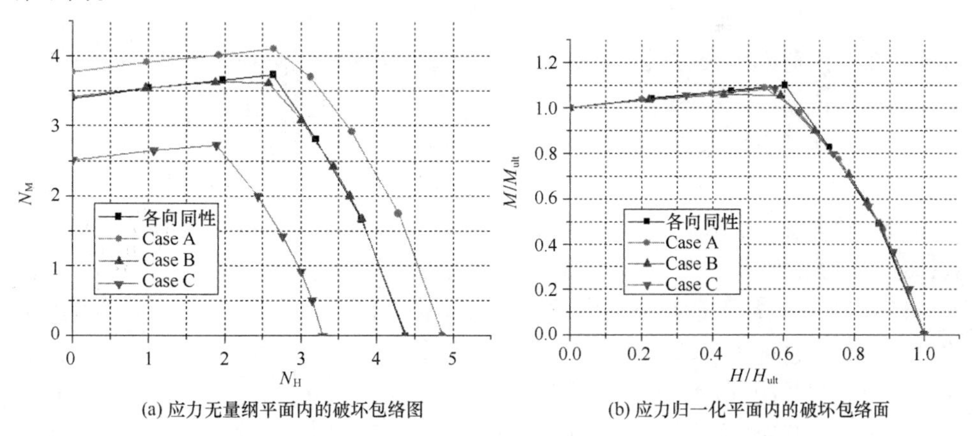

图 6.24　$V=0$ 平面内的破坏包络面

6.5.2.4　$V-H-M$ 应力空间内破坏包络线

图 6.25 在 $V-H-M$ 荷载空间内给出了各向同性及 Case C 两种情况的地基三维破坏包络面,其中 H_{ult}、V_{ult}、M_{ult}分别为不排水抗剪强度各向同性情况的极限承载

力。由图可知:①随着力矩分量的增加,$V-H$ 平面内的破坏包络线逐渐缩小,最终退缩为一点,由此形成一个封闭的1/4 椭球体。②复合加载作用下地基的破坏包络面随着 S_{utc}、S_{ute} 值的减小而缩小,如图中 Case C 包含于各向同性情况所对应的三维破坏包络面,且形状基本相似;基于表 6.3 分析结论,Case C 所对应的地基三维破坏包络面比各向同性情况所对应的地基三维破坏包络面缩小 25% 左右。由此表明,由于考虑了软黏土不排水抗剪强度的横观各向异性,地基的极限承载力随着 S_{utc}、S_{ute} 值的减小而改变。因此,在吸力式桶形基础设计和施工过程中,根据实际的横观各向异性软土地基下的复合加载状态与各向同性软黏土地基的破坏包络曲面之间的相对关系,以各向同性软基上地基的三维破坏包络面推测横观各向异性软基上地基的三维破坏包络面,以此评判实际工程中吸力式桶形基础的工作状态。

6.6　非均质软黏土地基上桶形基础承载力特性研究

传统的海洋平台基础设计都是在假定软黏土地基不排水抗剪强度不随深度发生改变,即为均质土;随着海洋开采技术的发展,海洋基础在非均质软黏土地基上的稳定性逐渐受到重视;根据大量现场原位测试结果,通常认为软黏土地基的不排水抗剪强度随着深度线性增大[52, 213],如图 6.26 所示,计算公式(6.14);承载性能的研究也从单纯研究竖向承载性能拓展到复合加载模式下基础的破坏包络面[88, 214-216]。因此,研究在非均质软黏土地基上单桶基础的承载性能,明确海洋平台基础在不同荷载组合方式下的破坏机理及破坏包络面,为海洋平台的设计与施工提供参考依据。

软黏土地基不排水抗剪强度随深度线性增长,其计算形式:

$$S_u = S_{u0} + kz \tag{6.14}$$

式中,S_{u0} 为软土表面的不排水抗剪强度,单位为 kPa; k 为不排水抗剪强度增长系数; z 为软土深度,单位为 m。kD/S_{u0} 为软黏土的非均质系数。

目前,对于软黏土地基上吸力式桶形基础的承载力分析方法,一般都没有考虑软黏土地基的这种强度非均质性。范庆来等[146]通过考虑软黏土的非均质性,仅研究了非均质软黏土地基上吸力式沉箱抗拔极限承载力特性。为此,本书通过 ABAQUS 二次开发,建立了非均质软黏土弹塑性有限元计算模型,通过比较系统数值计算和分析,计算分析了单调荷载作用下单桶基础的极限承载力特性;进一步,探讨了复合加载模式下吸力式桶形基础的破坏机制以及各种破坏包络面与软黏土的不排水抗剪强度非均质性之间的变化关系,为吸力式桶形基础的设计及应用提供参考依据。

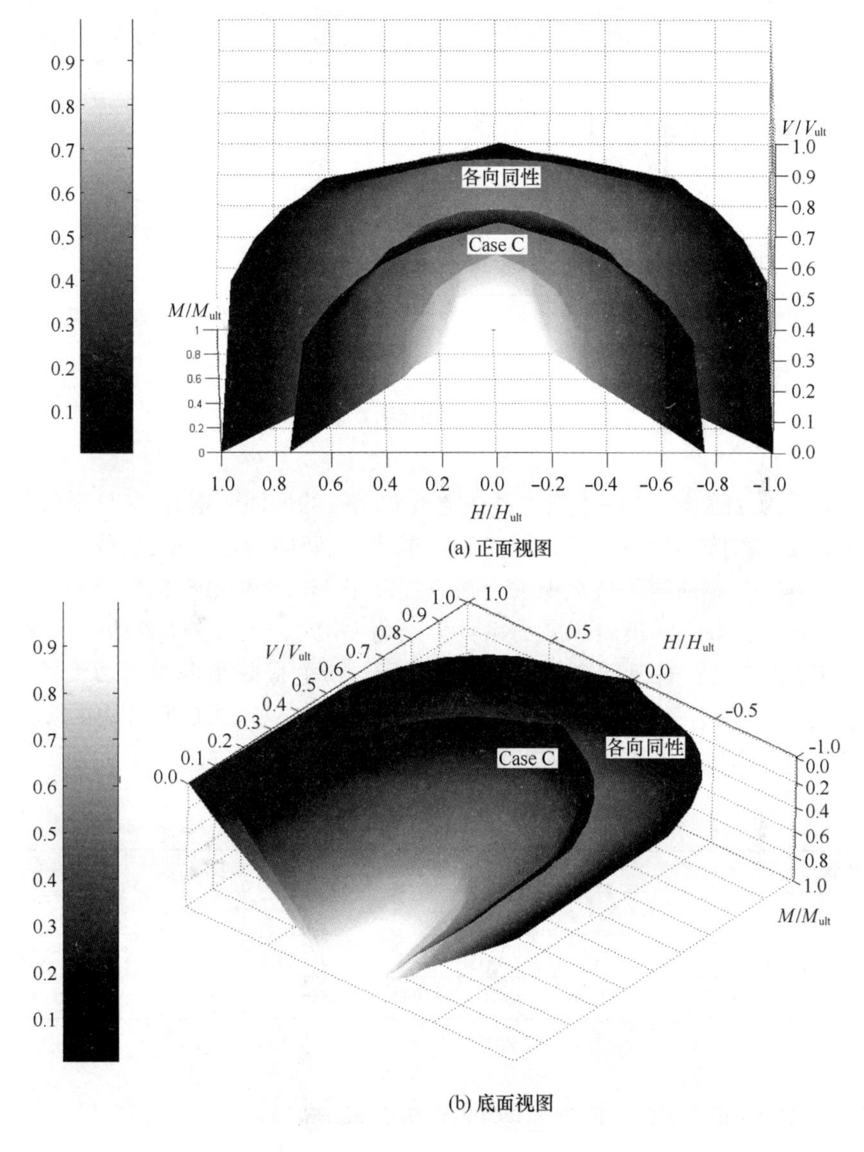

图 6.25　$V-H-M$ 三维破坏包络面

6.6.1　单调荷载作用下单桶基础的承载性能研究

采用位移控制方法，分别在桶体顶部施加水平位移、竖向位移和转角，从而确定单个荷载分量作用下吸力式桶形基础的极限承载力。

表 6.4 给出了不同 kD/S_{u0} 的非均质软黏土对桶形基础承载性能的影响关系，

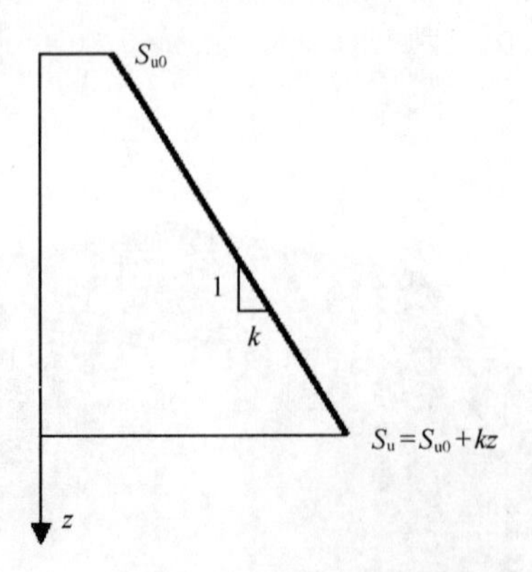

图 6.26　非均质土层剖面

计算结果表明：桶形基础的承载力系数随着 kD/S_{u0} 的增加而增大，并且增长趋势近似线性增长。例如，$kD/S_{u0}=2.0$ 计算所得的水平、竖向、力矩极限承载力系数分别比 $kD/S_{u0}=0$ 计算所得的极限承载力系数提高了 115.06%、96.57%、134.18%，即 $kD/S_{u0}=2.0$ 所对应的极限承载力系数大约为 $kD/S_{u0}=0$ 所对应的极限承载力系数的 2.0～2.5 倍。同理可知，$kD/S_{u0}=1.0$ 所对应的极限承载力系数大约为 $kD/S_{u0}=0$ 所对应的极限承载力系数的 1.5～2.0 倍，$kD/S_{u0}=3.0$ 所对应的极限承载力系数大约为 $kD/S_{u0}=0$ 所对应的极限承载力系数的 3.0 倍。

表 6.4　计算所得承载力系数

kD/S_{u0}	0	1	2	3
N_H	4.78	7.56	10.28	13.58
N_V	12.24	16.41	24.06	35.89
N_M	3.54	5.98	8.29	10.91

6.6.2　复合加载模式下桶形基础破坏包络面

针对不同荷载组合方式共同作用的复合加载模式，采用 Swipe 试验加载方法进行了加载弹塑性数值计算，由此确定了不同 kD/S_{u0} 值所对应的不同荷载空间内的破坏特性。

6.6.2.1　$V-H$ 应力空间内破坏包络线

图 6.27 在 $V-H$ 应力空间内分别给出了单桶基础在不同 kD/S_{u0} 值作用下的应力无量纲和归一化复合加载破坏包络面，其中在应力归一化破坏包络面中的箭头

代表 kD/S_{u0} 值的增加；H_{ult}、V_{ult} 分别为不同 kD/S_{u0} 值所对应的极限承载力。由图可知：①桶形基础在不同 kD/S_{u0} 值作用下的应力无量纲破坏包络面形状基本相似，且随着 kD/S_{u0} 值的增大而扩大。②在应力归一化平面内，桶形基础的破坏包络面形状基本一致，与 kD/S_{u0} 值的变化对破坏包络面影响不大，这是由于竖向荷载与水平荷载近似相互独立。

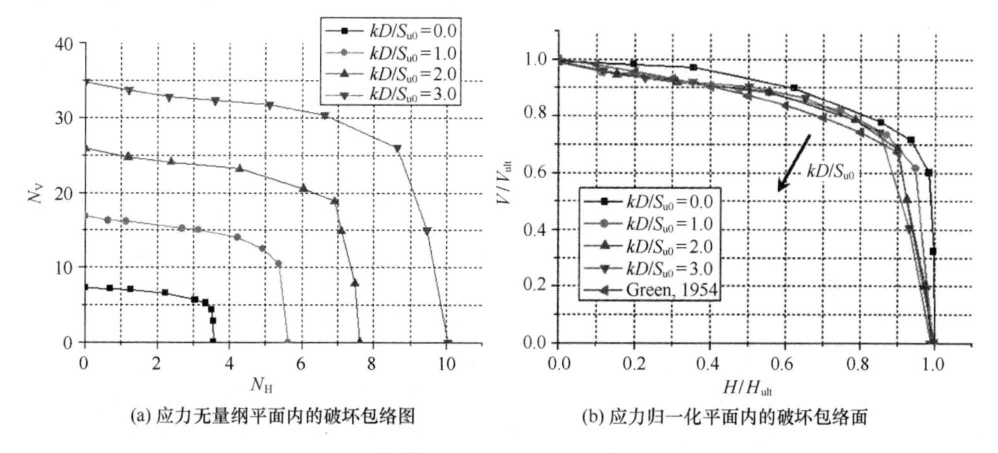

(a) 应力无量纲平面内的破坏包络图　(b) 应力归一化平面内的破坏包络面

图 6.27　$M=0$ 平面内的破坏包络面

与此同时，Green[79] 提出的均质软黏土地基上条形基础在 $V-H$ 应力空间的复合加载破坏包络面表达式：

$$\frac{V}{V_{ult}} = 0.5 + \frac{\cos^{-1}\left(\frac{H}{H_{ult}}\right) + \sqrt{1-\left(\frac{H}{H_{ult}}\right)^2}}{2+\pi} \tag{6.15}$$

与有限元计算结果表明，软黏土强度的非均质性对桶形基础 $V-H$ 应力空间的破坏包络面影响不大，这与 Gourvenec[214] 所得到的结论相同。

6.6.2.2　$V-M$ 应力空间内破坏包络线

图 6.28 在 $V-M$ 应力空间内分别给出了单桶基础在不同 kD/S_{u0} 值作用下的应力无量纲和归一化复合加载破坏包络面，M_{ult}、V_{ult} 分别为不同 kD/S_{u0} 值所对应的极限承载力。由图可知：①桶形基础在不同 kD/S_{u0} 值作用下的应力无量纲破坏包络面形状基本相似，且随着 kD/S_{u0} 值的增大而扩大。②在应力归一化平面内，桶形基础的破坏包络面形状基本一致，但随着 kD/S_{u0} 值的增大，破坏包络面不断地缩小，这是由于力矩和竖向荷载存在相互作用的影响，与此同时，随着 kD/S_{u0} 值的增大，力矩和竖向荷载方向的极限承载力 M_{ult}、V_{ult} 也增大，且竖向荷载增大显著。通过有限元计算分析可知，软黏土强度的非均质性对桶形基础 $V-M$ 平面内的破坏

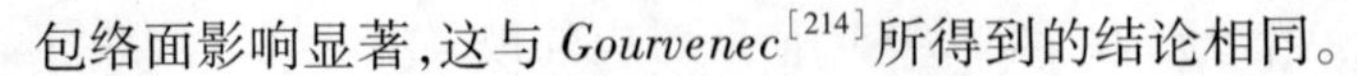
包络面影响显著，这与 *Gourvenec*[214] 所得到的结论相同。

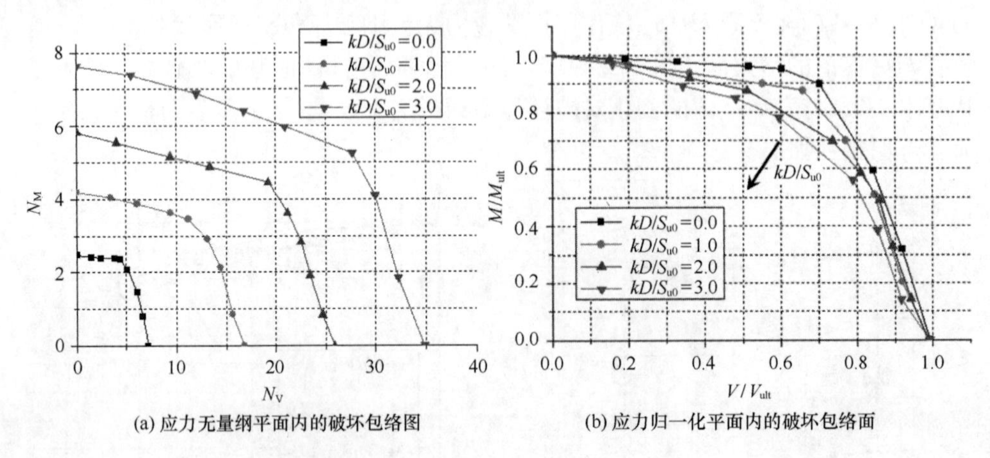

(a) 应力无量纲平面内的破坏包络图　　(b) 应力归一化平面内的破坏包络面

图 6.28　$H=0$ 平面内的破坏包络面

6.6.2.3　$H-M$ 应力空间内破坏包络线

图 6.29 在 $V=0$ 平面内分别给出了单桶基础在不同 kD/S_{u0} 值作用下的应力无量纲和归一化复合加载破坏包络面，H_{ult}、M_{ult} 分别为不同 kD/S_{u0} 值所对应的极限承载力。由图可知：①桶形基础在不同 kD/S_{u0} 值作用下的应力无量纲破坏包络面形状基本相似，且随着 kD/S_{u0} 值的增大而扩大。②在应力归一化平面内，桶形基础的破坏包络面形状基本一致；由于 $H-M$ 平面不对称性，kD/S_{u0} 值对应力归一化破坏包络面的作用在 $H/H_{ult}>0$ 和 $H/H_{ult}<0$ 时是不同的。当 $H/H_{ult}>0$ 时，破坏包络面将随着 kD/S_{u0} 值的增大而缩小；当 $H/H_{ult}<0$ 时，破坏包络面将随着 kD/S_{u0} 值的增大而扩大。同理，这也是由于力矩和水平荷载存在相互作用的影响，力矩和水平荷

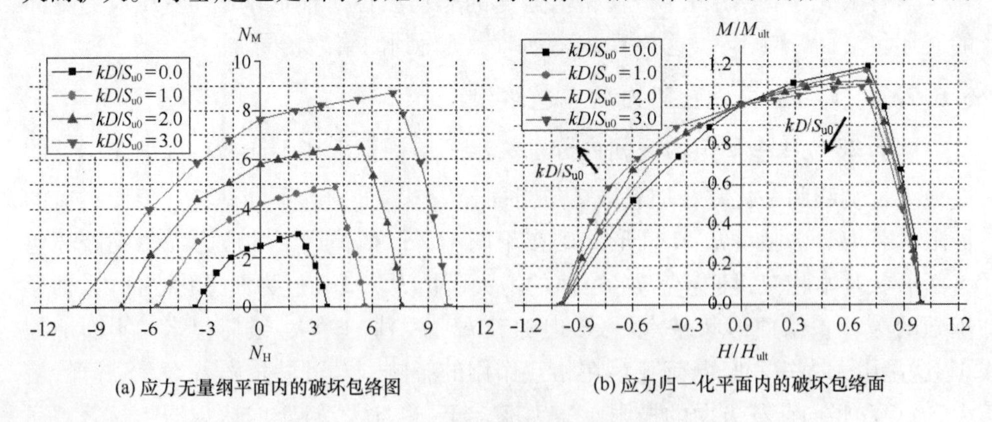

(a) 应力无量纲平面内的破坏包络图　　(b) 应力归一化平面内的破坏包络面

图 6.29　$V=0$ 平面内的破坏包络面

载方向的极限承载力 M_{ult}、H_{ult} 随着 kD/S_{u0} 值的增大而增大；但在 $H/H_{ult}<0$ 时，水平荷载与力矩作用相反，致使破坏包络面变化情况与 $H/H_{ult}>0$ 时相反。通过有限元计算分析可知，软黏土强度的非均质性对桶形基础 $H-M$ 平面内的破坏包络面影响显著，这与 Gourvenec[214] 所得到的结论相同。

6.6.2.4 $V-H-M$ 应力空间内破坏包络线

图 6.30 在 $V-H-M$ 荷载空间内给出了单桶基础在不同 $kD/S_{u0}=0$、1.0、2.0 作用下的复合加载条件下的三维破坏包络面，其中 H_{ult}、V_{ult}、M_{ult} 分别为 $kD/S_{u0}=0$ 情况的极限承载力。由图可知：随着力矩分量的增加，$V-H$ 平面内的破坏包络线

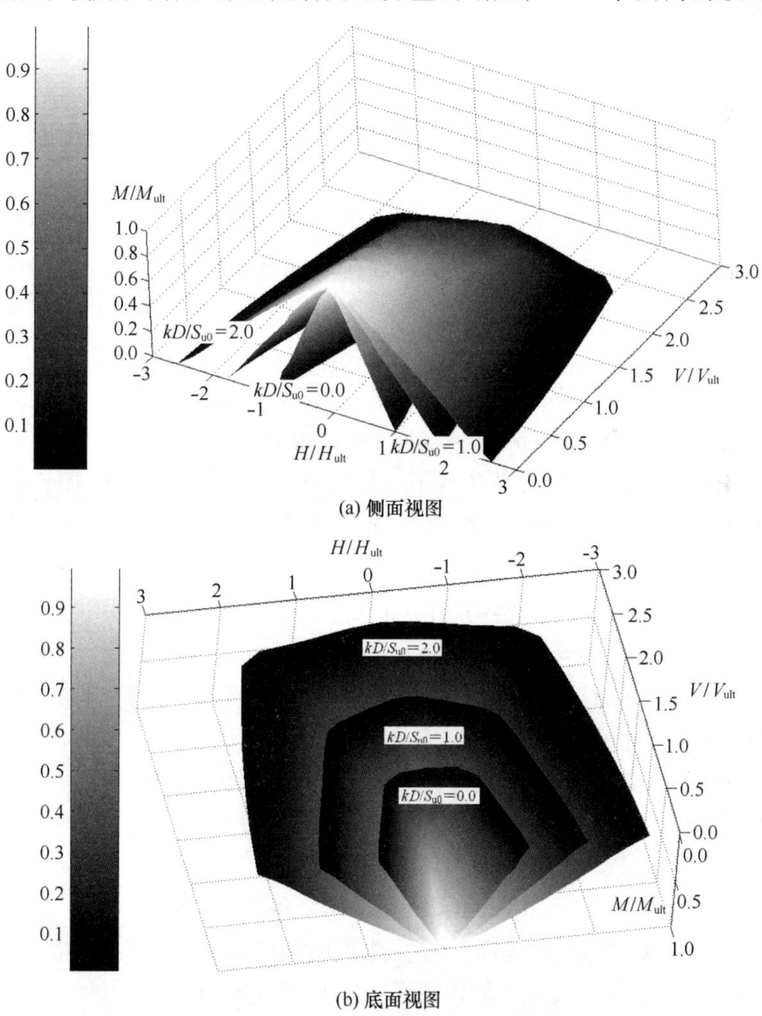

(a) 侧面视图

(b) 底面视图

图 6.30 $V-H-M$ 三维破坏包络面

逐渐缩小,最终退缩为一点,由此形成一个封闭的1/4椭球体;并且随着kD/S_{u0}的增大,复合加载作用下地基的破坏包络面不断地扩大,并且较大的kD/S_{u0}值所对应的三维破坏包络面包含较小的kD/S_{u0}值所对应的三维破坏包络面。由图可知,$kD/S_{u0}=1.0$、2.0软黏土地基上单桶基础在复合加载模式下的承载性能分别比$kD/S_{u0}=0$软黏土地基上的承载力性能约提高了0.5倍、1.5倍,这与单调加载情况所得到结论基本一致。由此表明,由于考虑了软土地基的非均质性,导致土的不排水抗剪强度增加,从而造成地基的极限承载力增大。根据实际的非均质软土地基下的复合加载状态与这种空间破坏包络曲面之间的相对关系,依据均质软黏土地基三维破坏包络面推测不同kD/S_{u0}值所对应的地基三维破坏包络面,以此评判非均质软土地基作用下桶形基础的工作状态。

6.7　变值(循环)复合加载模式下桶形基础承载性能研究

在复杂的海洋环境条件下,海洋地基所受的加载模式非常复杂,不仅受到海洋平台结构及其自身所引起的竖向荷载的长期作用,而且一般往往遭受风、波浪等所引起水平、力矩荷载的循环或瞬时作用。水平荷载H、竖向荷载V和力矩M等3个分量共同作用的加载模式称为复合加载模式,若进一步考虑各个荷载分量随时间的循环变化,则这种复合加载模式称为循环复合加载模式(或变值复合加载模式)。在循环或瞬时等变值加载条件下,循环荷载会导致软黏土海床或者地基发生强度弱化与刚度退化。对于波浪荷载作用下重力式平台基础的稳定性分析,Andersen等[64]建议采用土的循环强度考虑这种循环软化效应。在一定循环次数下,当土单元达到某一破坏标准时,作用在剪切破坏面上的初始静剪应力和循环剪应力之和定义为土的循环强度,并据此提出了拟静力极限平衡计算方法。刘振纹[217]、王建华等[154]通过试验研究探讨了软黏土循环强度变化规律,据此提出了拟静力Mises弹塑性模型,并应用于软土地基循环承载力分析。范庆来与栾茂田等[164]基于循环强度概念,建立了非线性弹塑性－循环强度模型,并应用于软土地基上深埋式大圆筒结构循环承载力的数值分析,通过数值分析对循环承载力与极限承载力进行了对比。

目前,对于吸力式桶形基础的承载力计算大多限于静力计算,不考虑波浪循环荷载效应对于承载力的影响。而工程实践表明,在长时间波浪持续作用下软基上大型海洋结构物失稳破坏大多是软基强度循环软化导致的。与此同时,针对波浪荷载等循环荷载作用下海洋地基基础的承载力特性分析,尚缺乏考虑不同循环荷载组合方式的变值(循环)复合加载模式下地基的承载性能。为此,基于大型通用有限元分析软件 ABAQUS，进行了数值实施和二次开发，依据范庆来等[164]针对深埋式大圆筒结构循环承载力的数值分析方法，将 Andersen 等[64]提出的软黏土循环强度概念与基于 Mises 屈服准则的理想弹塑性模型相结合，建立了一种弹塑性－循环强度模型。进而，运用 Swipe 试验加载方法，针对变值（循环）复合加载模式下软黏土地基上单桶基础，考虑波浪荷载作用下土的循环软化效应，进行了三维弹塑性有限元数值分析，由此确定了单调循环加载以及变值复合加载模式下地基的循环承载力特性，从而考察了不同组合加载条件下波浪循环作用所导致的海床地基强度软化效应对于吸力式桶形基础承载力的影响，绘制考虑强度软化效应的循环荷载包络图，并与单调加载及复合加载条件下的极限承载力进行了对比，为工程设计提供了参考依据。

6.7.1　变值（循环）复合加载模式下单桶基础的计算模型与分析方法

6.7.1.1　循环强度

海洋基础在波浪等动荷载作用下的动力响应及其稳定性是海洋土力学与基础工程分析中的重要问题，由于波浪荷载不同于地震荷载，作用时间往往较长，因此目前尚缺乏合理而有效的分析理论与计算方法。因此在工程设计中一般采用经验折减系数等方式近似地考虑循环荷载对基础承载力的降低效应，对所确定的单调加载下的静力极限承载力进行修正。实际上，由于波浪荷载等动荷载的循环作用，导致了地基土的强度逐渐软化，进而降低了地基的极限承载力。从这个角度出发，Anderson 等[64]针对循环荷载作用下重力式海洋平台与地基的极限承载力分析提出了循环强度的概念。在一定的循环荷载作用次数下，土单元达到某种破坏标准时，作用在剪切面上的初始静剪应力 σ_s 与循环剪应力 σ_d 之和定义为土的循环强度[82]。

6.7.1.2　变值（循环）复合加载计算模型

作为大型通用有限元分析软件，ABAQUS 具有强大的非线性计算功能、丰富的本构模型以及便利的用户子程序接口，可以针对先进本构模型、复杂场变量、状态变量及特殊单元、复杂边界条件进行二次开发[167]。对于吸力式桶形基础的极限承载力，采用不排水总应力分析方法。

对于软黏土，采用基于 Mises 屈服准则的理想弹塑性本构模型，在不排水条件下，泊松比可取为 $v=0.49$，假定变形模量近似地与其不排水抗剪强度成比例而取为定值 $E=500S_u$，不考虑地基中应力水平对模量的影响。当土体进入屈服状态以后，遵循基于 Mises 屈服准则的理想弹塑性本构模型，地基中某点的广义剪应力 q 与循环三轴或者直剪试验中等效静应力 $\sigma_s=\sigma_1-\sigma_3$ 相等效：

$$q = \sigma_s = \frac{1}{\sqrt{2}}\sqrt{(\sigma_1 - \sigma_2)^2 + (\sigma_2 - \sigma_3)^2 + (\sigma_3 - \sigma_1)^2} \tag{6.16}$$

式中,σ_1、σ_2 与 σ_3 分别是作用在土单元上的大主应力、中主应力及小主应力。

6.7.1.3 分析方法

对于实际的荷载和地基条件,首先基于有限元计算确定地基的初始应力。然后利用通过循环三轴试验所得到的不同应力条件下的循环强度[20],同时利用式(6.16)考虑三轴试验中土样应力状态与地基中实际三向应力状态之间的等效关系,在选定一定的破坏循环次数的情况下估算地基中各点的循环强度。进而将循环强度概念与上述有限元分析模型相结合确定循环荷载作用下地基的循环极限承载力。采用位移控制法逐步施加位移,确定相应的荷载,由此得到地基的荷载－位移关系曲线,直到曲线的斜率接近于0,按照理想塑性流动概念,此时所对应的荷载可作为地基的极限承载力。针对不同的破坏循环次数,重复进行计算,由此可以探讨荷载的循环次数对地基极限承载力的影响。

采用下述步骤完成拟静力有限元数值分析。①以土的不排水静强度 S_u 作为破坏标准,建立的理想弹塑性－循环强度模型,采用有限元法计算自重等静力条件下地基中的应力分布。②基于计算所得到的地基静应力,利用循环三轴或者直剪试验所得到的不同循环破坏次数、不同应力条件下的循环强度,估算地基中各点的循环强度。③以土单元的循环强度作为破坏标准,同时考虑自重等静力荷载与循环波浪荷载的共同作用,进行结构与地基耦合系统的有限元分析,建立作用在结构上的外荷载与相应位移之间的关系,由此确定吸力式桶形基础等海洋结构物地基的循环承载力。有限元计算整个流程参见图6.31。该方法的合理性已通过范庆来等[168]对软基上深埋式大圆筒结构循环承载力的数值分析得到验证。

6.7.2 变值(循环)复合加载模式下单桶基础承载性能分析

桶形基础安装就位以后,地基土体受到上部结构及其基础自身的重力,同时在地基中各点产生非均匀分布的静剪应力场 σ_s 。其中静剪应力比定义为 $S_l = \frac{\sigma_s}{\sigma_f}$,又称为应力水平。当波浪作用于结构上时,地基土体单元又受到循环应力 σ_d 的作用。当静应力与循环应力的组合($\sigma_s + \sigma_d$)大于土的循环强度时,则土单元发生屈服破坏,应力发生重分布,屈服向邻近单元迁移,引起周围土体的破坏,破坏区域有可能贯通而导致桶形基础的整体失稳。为了进行对比,循环承载力计算中所采用的计算网格、边界条件与极限承载力分析时完全一致。软土的循环强度曲线采用 Wang 等[154]根据试验所给出的经验关系。为了考察荷载的循环效应对地基极限承载力的影响,下面采用单调荷载作用下地基的静力极限承载力对复合加载模式下地基的循

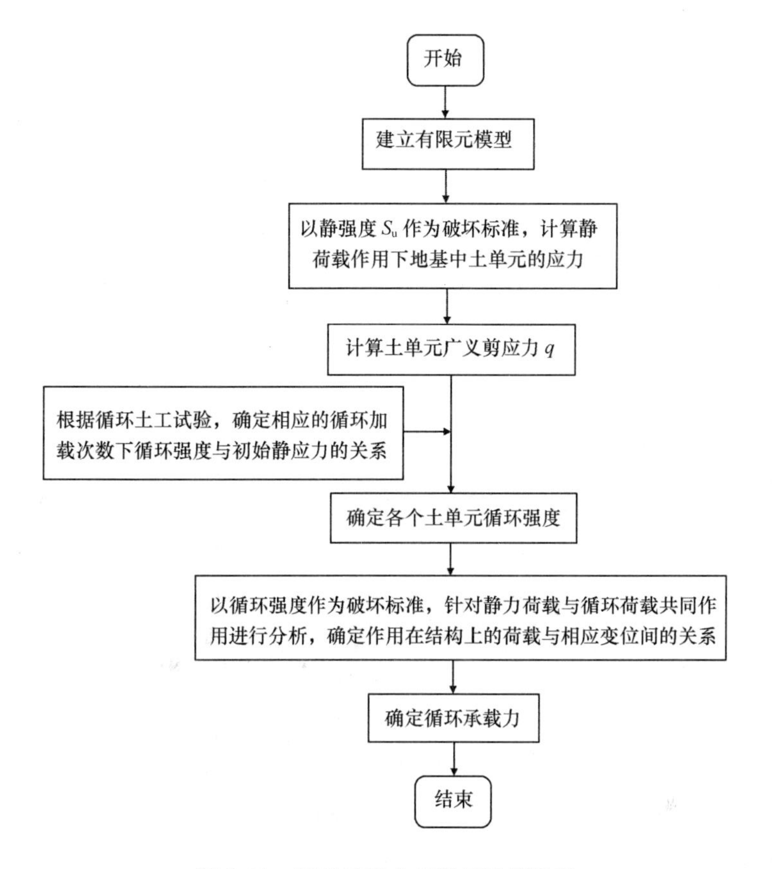

图 6.31 循环承载力有限元计算流程

环承载力进行了归一化处理,以此为基础进行了对比分析。

6.7.2.1 不同循环次数(N)作用下单桶基础的极限承载力

采用 ABAQUS 软件的自动划分增量步长算法,利用位移控制进行逐步加载分析,在桶体顶部中心点处施加水平与竖向位移及转角。图 6.32 给出了计算所得到的归一化荷载与循环次数关系曲线。由图可知:①当不考虑循环软化效应时,即 $N=0$ 时,在水平、竖向荷载及力矩单独作用下,单桶基础的极限承载力系数分别为 4.78、12.24 与 3.54;而当考虑循环软化效应时,单桶基础的循环承载力系数随着循环次数 N 的增大而减小,当 $N=1\ 000$ 时,循环承载力系数最大,分别为 3.31、8.96 与 2.42,与极限承载力相比分别降低了 30.75%、26.79% 和 31.64%;当 $N=2\ 000$ 时,循环承载力系数最小,分别为 3.12、8.52 与 2.29,与极限承载力相比分别降低了 33.05%、30.39% 和 35.31%。②随着循环次数 N 的增大,水平、竖向以及力矩承载力系数由大减小,逐渐趋于水平,即随着循环次数的无限增加,单桶基础循环极限承载力将趋于不变，因此，通过分析有限循环次数下单桶基础的承载力特性，以此近似评价无限循环次数下地基的承载力特性是可行的。

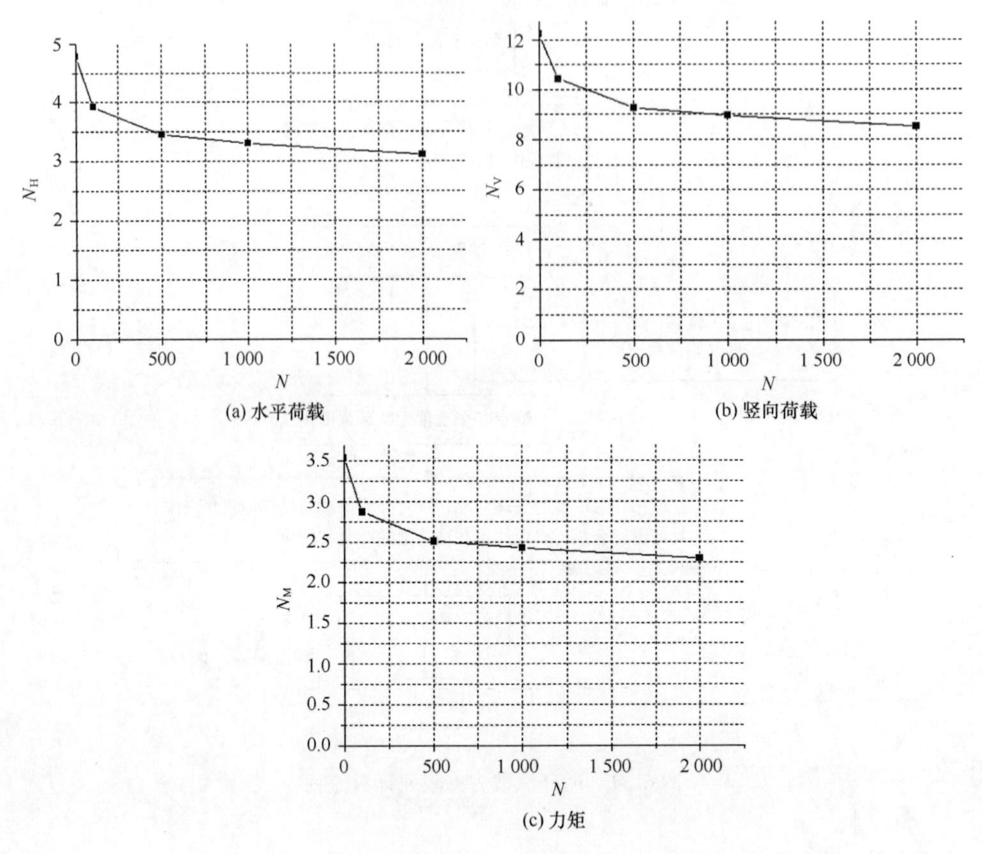

图 6.32　计算所得到的承载力系数－破坏循环次数关系

进一步地，图 6.33 给出了循环次数 $N=1\ 000$ 时，各种荷载分量单独作用下地基中静剪应力比分布，其中 $FV1$ 为计算所得到的静剪应力比分布，即 $FV1=\sigma_s/\sigma_f$。由此可见，由于循环荷载导致地基土体循环强度在空间上分布不均匀，从而降低了地基承载力性能。当考虑循环荷载作用下软土的强度软化效应，桶形基础在单向循环荷载作用下循环承载力性能随着循环次数的增加而降低。

6.7.2.2　变值复合加载模式下单桶基础的承载性能分析

图 6.34 在 $M=0$、$H=0$、$V=0$ 平面内分别给出了复合加载极限承载力包络面和不同循环次数(N)作用下的复合加载循环承载力包络面。由图可知，在复合加载模式下单桶基础循环承载力破坏包络面始终位于复合加载模式下的地基破坏包络面之内，且两者的变化趋势基本相似；随着循环次数的增加，破坏包络面逐渐缩

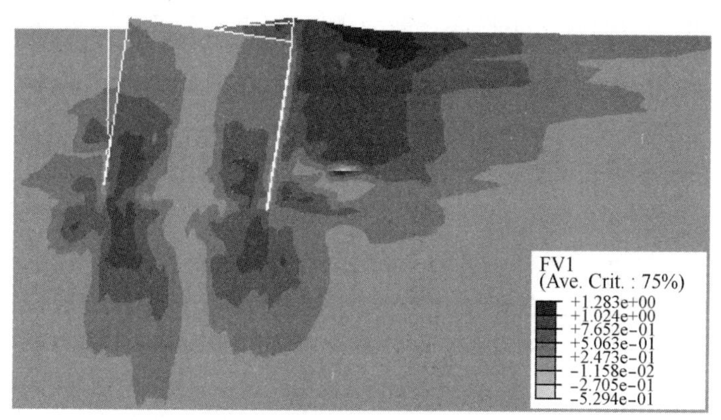

(a) 水平荷载

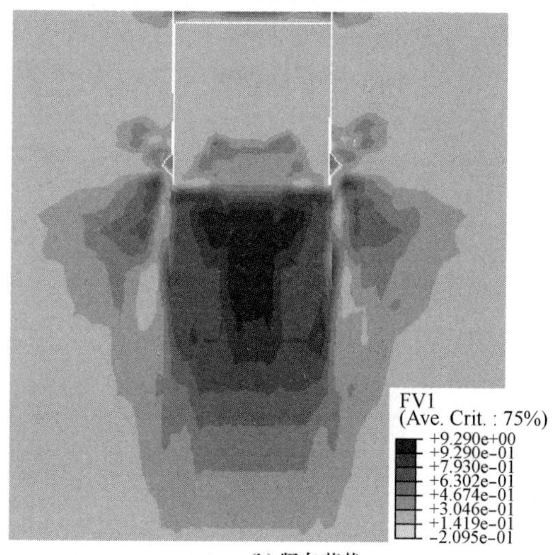

(b) 竖向荷载

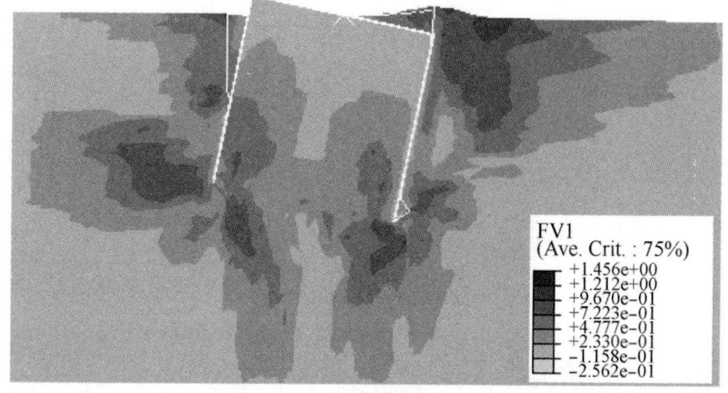

(c) 力矩

图 6.33　各种荷载分量单独作用下地基中的静剪应力比分布

小。由此表明，与复合加载下极限承载力相比，当考虑荷载的循环特征和土的循环软化效应时，比复合加载模式下极限承载力降低30%左右，这与前面单向循环荷载作用下的情况基本一致。

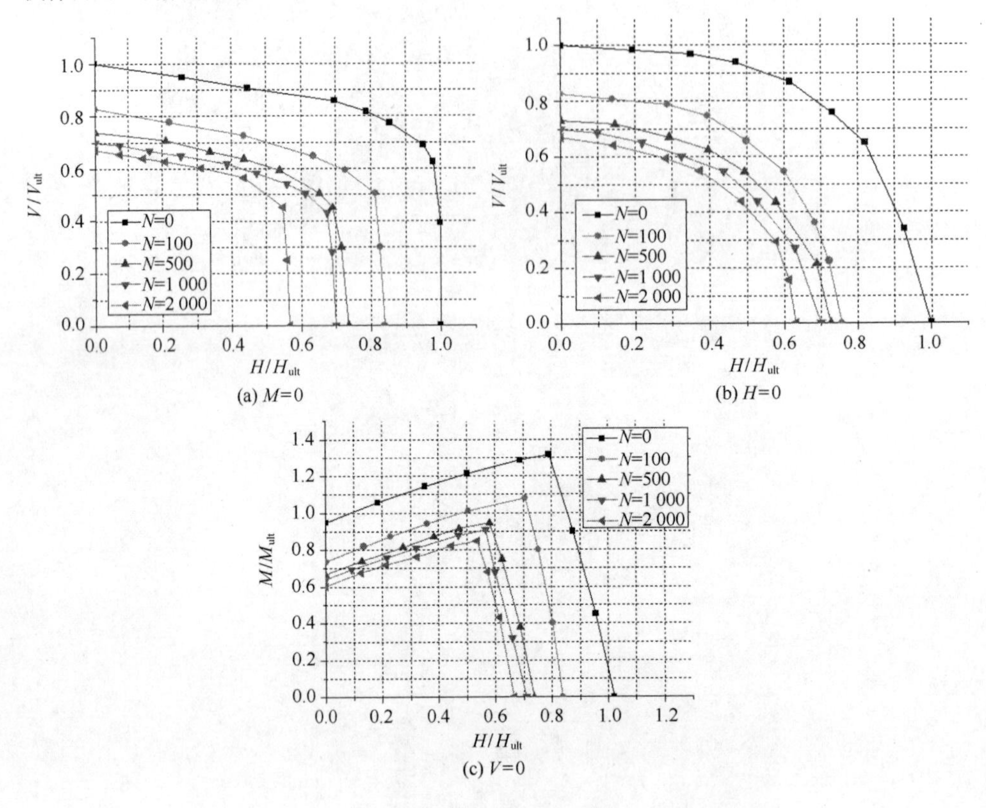

图6.34　不同荷载空间内桶形基础地基破坏包络面

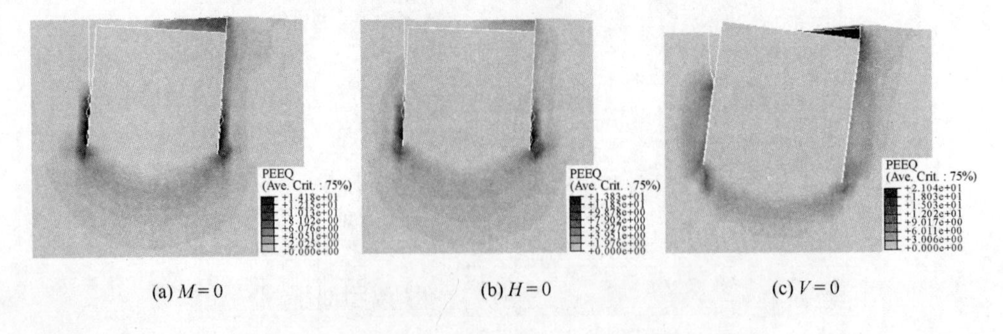

图6.35　复合加载作用下地基中等效塑性应变分布

进一步地，图 6. 35 与图 6. 36 分别给出了不同荷载空间内复合加载和循环次数为 1 000 的变值(循环)复合加载地基中等效塑性应变分布。通过比较可见，桶形基础桶底脚刃与地基土接触区域的塑性应变较大，桶底已经形成连贯的塑性应变区域；并且与复合加载模式的情况相比，循环复合加载模式下地基中等效塑性应变更大。由图 6. 35(a)与图 6. 36(a)可知，在水平加载作用下，桶形基础两侧土体内形成楔形塑性区，与水平荷载作用方向一致的桶体侧是被动区，桶体挤入地基土体产生较大的土压力；而桶体的另一侧是主动区，桶体与地基土之间产生分离。由图图 6. 35(b)与图 6. 36(b)可知，由于桶体下沉使得桶体与地基接触区域产生较大剪切破坏，其中在桶底脚刃处最大。由图图 6. 35(c)与图 6. 36(c)可知，桶底部形成勺形塑性区，而桶体两侧形成楔形塑性区，与力矩作用方向一致的桶体侧是被动区，桶体挤入地基土体产生较大的土压力；而桶体的另一侧是主动区，桶体与地基土之间产生分离。与复合加载情况相比，当考虑荷载变值特征与土的强度循环软化效应时，桶形基础地基中等效塑性应变增大，从而导致地基承载力降低。

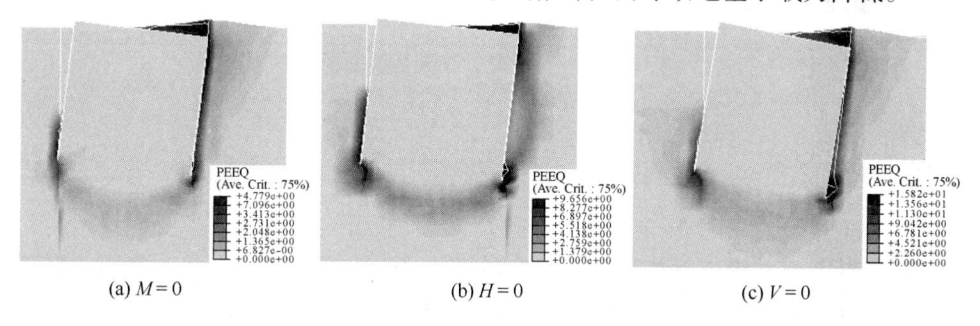

(a) $M=0$　　(b) $H=0$　　(c) $V=0$

图 6. 36　循环复合加载作用下地基中等效塑性应变分布

图 6. 37 在 $V-H-M$ 荷载空间内给出了复合加载和循环次数为 1 000 的变值(循环)复合加载两种情况下地基的三维破坏包络面。由图可知，随着力矩分量的增加，$V-H$ 平面内的破坏包络线逐渐缩小，最终退缩为一点，由此形成一个封闭的 1/4 椭球体；并且循环复合加载作用下地基的破坏包络面始终位于单调复合加载作用下破坏包络面之内部，两者相差约 30% 左右。由此表明，由于荷载的循环软化效应，导致土的循环强度退化，从而造成地基的极限承载力降低。根据实际的变值复合加载状态与复合加载状态下的地基破坏包络曲面之间的相对关系，将复合加载模式下地基的三维破坏包络面缩小一定比例，以此推测变值复合加载模式下地基的三维破坏包络面，从而判定实际荷载作用下桶形基础的工作状态。例如，循环次数 $N=1\ 000$ 所对应的地基三维破坏包络面，即为复合加载模式下地基三维破坏包络面缩小 30% 左右所得到的。

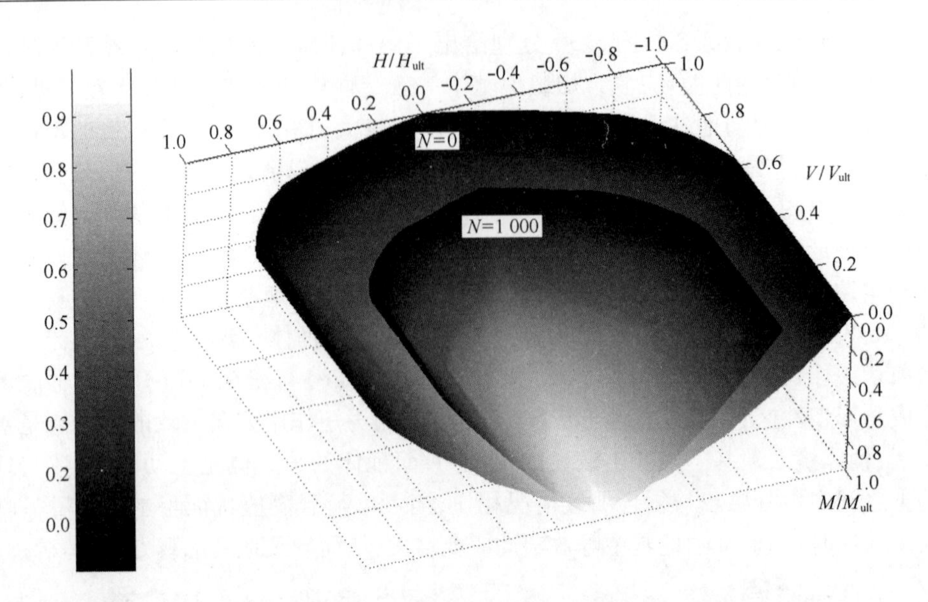

图 6.37 $V-H-M$ 三维破坏包络面

6.8 小结

在大型通用有限元分析软件 ABAQUS 平台上，针对软黏土地基上吸力式桶形基础在复合加载模式下承载性能，采用位移控制法与 Swipe 试验加载方法相结合，探讨了桶形基础在不同荷载组合方式下的失稳破坏模式，绘制了不同荷载组合模式下的地基破坏包络面，阐述了地基破坏包络面的经验计算公式；以此为基础，研究了力矩荷载（$M=0$）情况下，吸力式桶形基础在倾斜荷载作用下的地基失稳破坏机理及其破坏包络图特性；通过 ABAUQS 二次开发，研究了软黏土不排水抗剪强度横观各项异性及非均质性与桶形基础承载力的相互关系；进一步，通过 ABAQUS 二次开发，建立了变值（循环）复合加载模式下桶形基础循环承载力有限元计算模型，探讨了循环次数与地基承载力的相互关系。通过大量有限元计算与对比分析，认识到：

（1）在不同荷载组合方式下，软土地基上吸力式桶形基础的失稳破坏机制是不同的，其中在地基稳定性方面，竖向荷载的作用效果要比水平荷载、力矩荷载的作用效果显著，因此，在吸力式桶形基础设计施工过程中，应对竖向荷载加以关注。

（2）针对不同荷载组合方式下的复合加载有限元数值计算，绘制了不同荷载组合方式下的地基破坏包络图，将有限元分析得到的结论与 Vesic[73]、Bolton[205]、Murff[93]、Bransby 与 Randolph[95, 96]等针对浅基础的复合加载模式下的破坏包络面进行了比较，从而证明了有限元计算结果的可靠性。进一步，基于 Taiebat 与 Carter[204]所提出的地基三维破坏包络面的经验数学表达形式，对其进行修正，使其适用于不同长径比的桶形基础地基破坏包络面的描述，并结合有限元计算所得到的复合加载模式下地基三维破坏包络面评价吸力式桶形基础的稳定性。

(3)针对力矩荷载($M=0$)的情况，考虑了单个倾斜荷载和水平、竖向倾斜荷载共同作用两种加载方式，通过弹塑性有限元数值分析，研究了倾斜荷载作用下吸力式桶形基础的极限承载力及其破坏机制，进而分析了桶形基础破坏包络面与偏心距 e 之间的关系，得到了桶形基础承载性能与偏心距 e 之间的三维破坏包络面。计算结果表明：当考虑单个倾斜荷载作用时，桶形基础的竖向倾斜承载力相比水平倾斜承载力受偏心距 e 的影响显著。其中，竖向倾斜极限承载力随着偏心距 e 的增加而降低，而水平倾斜极限承载力随着偏心距 e 的增加而保持不变；当考虑单个倾斜荷载作用时，桶形基础在水平倾斜荷载作用下的破坏机制基本一致；而在竖向倾斜荷载作用下，其破坏机制随着偏心距 e 的增加而围绕地基内某点产生旋转破坏，旋转中心逐渐向桶形基础中轴线偏移；当考虑水平倾斜荷载与竖向倾斜荷载共同作用时，桶形基础在 $V-H-e$ 三维空间内的破坏包络面随着偏心距 e 的增加而缩小，而长径比(L/D)相对较大的桶形基础破坏包络面相比长径比(L/D)相对较小的桶形基础破坏包络面缩小缓慢。

(4)软黏土不排水抗剪强度横观各向异性对吸力式桶形基础的极限承载力影响显著。当 S_{utc}、S_{ute}取值比较高时，按照强度各向同性进行分析是偏于安全的；而当 S_{utc}、S_{ute}取值比较低时，按照强度各向同性进行分析是高估了地基承载力。针对不同 S_{utc}、S_{ute}值，在 $V-H$、$V-M$、$H-M$ 荷载空间内的应力无量纲和归一化平面内地基破坏包络面形状基本相似；在 $V-H$、$V-M$ 应力归一化平面内，地基破坏包络面随着 S_{utc}、S_{ute}值的减小而缩小，而在 $H-M$ 应力归一化平面内，地基破坏包络面并不随着 S_{utc}、S_{ute}值的减小而改变。进一步，建立了横观各向异性软黏土地基上吸力式桶形基础的三维破坏包络面，并与各向同性地基的三维破坏包络面进行了对比分析，得到 S_{utc}、S_{ute}值较小时所对应的地基三维破坏包络面比各向同性地基三维破坏包络面缩小25%左右。

(5)吸力式桶形基础的极限承载力随着不排水抗剪强度非均质的变化而变化，其中竖向承载力受其影响显著。在 $M=0$、$H=0$、$V=0$ 应力无量纲平面内，桶形基础在不同 kD/S_{u0} 值作用下的破坏包络面形状基本相似，且随着 kD/S_{u0} 值的增大而扩大。在 $M=0$ 应力归一化平面内，桶形基础的破坏包络面受 kD/S_{u0} 值的影响不显著；在 $H=0$ 和 $V=0$ 应力归一化平面内，桶形基础的破坏包络面受 kD/S_{u0} 值的影响显著，这是由于力矩与水平荷载、竖向荷载存在相互影响。而在 $H=0$ 应力归一化平面内，破坏包络面形状随着 kD/S_{u0} 值的增大而缩小；在 $V=0$ 应力归一化平面内，当 $H/H_{ult}>0$ 时，破坏包络面将随着 kD/S_{u0} 值的增大而缩小；当 $H/H_{ult}<0$ 时，破坏包络面将随着 kD/S_{u0} 值的增大而扩大。进一步，建立了不同 kD/S_{u0} 值软黏土地基上吸力式桶形基础的三维破坏包络面，并与均质软黏土地基的三维破坏包络面进行了对比分析。

(6)当考虑荷载的循环特征与地基土的循环软化效应时，桶形基础在单向循环荷载作用下循环承载力随着循环次数的增加而有所降低，当循环次数无限增大时，地基的循环承载力将趋于不变，因此，依据有限循环次数下地基的稳定性，可以推断无限循环次数地基稳定性问题。当进一步考虑复合加载效应时，随着破坏循环次数的增加，桶形基础及地基中等效塑性应变增大，从而导致桶形基础及地基承载力降低。进而，可以依据复合加载模式下吸力式桶形基础地基三维破坏包络面推测变值(循环)复合加载模式下地基三维破坏包络面，以此评价循环荷载作用下桶形基础的稳定性。由分析可知，桶形基础在循环复合加载模式下的地基破坏包络面位于复合加载模式以内，且两者的变化趋势基本相似，并且破坏包络面随着循环次数增加而缩小，当循环次数 $N=1\ 000$ 时，所对应的地基三维破坏包络面与单调复合加载模式下的地基三维破坏包络面相比约降低30%左右，与单向循环荷载作用下的情况基本一致。

7　多桶组合基础承载力特性研究

在实际海洋采油平台结构中，采油平台一般采用多桶组合基础型式，为此，本文针对我国第一座吸力式桶形基础采油平台CB20B，基于单桶基础在复合加载模式下的承载力特性，建立了双桶、四桶组合基础的三维有限元数值计算模型，探讨了对称多桶基础结构与单桶基础结构的承载力特性之间的相互关系，阐述了桶间距对海洋平台结构稳定性的影响。

7.1　有限元计算模型

图7.1给出了双桶基础结构三维有限元计算模型。其中，各个桶体结构尺寸同样采用单桶基础结构承载力求解时的尺寸；桶体结构采用弹性模型，由于只研究桶体结构与地基的相互作用，假定桶体之间是通过钢体结构链接。土体参数仍按照理想弹塑性材料考虑，与单桶基础承载力特性研究所取参数一致；桶壁与桶内外土体之间的接触同样采用单桶基础结构承载力分析中所采用ABAQUS摩擦接触对模拟。对于双桶基础结构选取三种不同的桶间距：$S=0.5D$、$S=1.0D$、$S=2.0D$，地基土的计算范围水平向取桶径的10倍，竖向取10倍桶高。

7.2　确定地基承载力的标准

海上石油开采平台是由多个桶相互组合共同承受上部结构传来的竖向荷载及使用过程中环境荷载产生的水平、力矩荷载的共同作用。其地基破坏形式主要是一种整体结构的失稳，因此，确定位移破坏标准时要考虑到整体组合结构的失稳情况，将竖向位移量达到$0.07D$（D为桶体直径）时对应的竖向荷载，确定为软土地基上多桶基础的竖向承载力；水平向按照水平位移量达到$0.05D$（D为桶体直径）时对应的水平荷载，确定为软土地基上多桶基础的水平承载力；力矩方向按照桶形基础顶部所施加的最大转角达到0.03弧度时对应的荷载确定为多桶基础的力矩承载力。

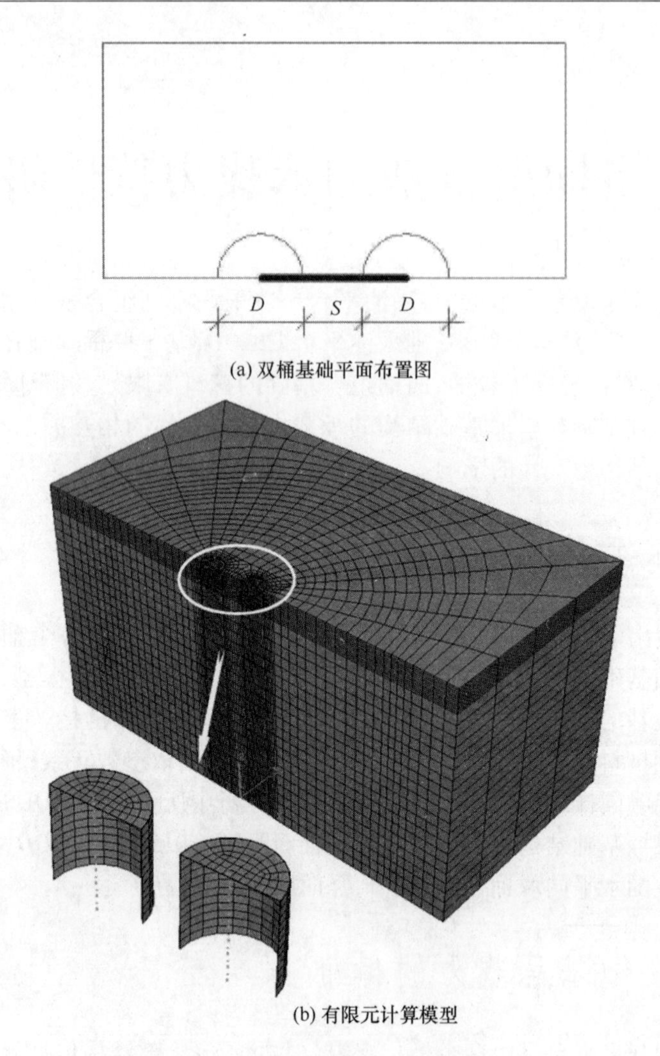

(a) 双桶基础平面布置图

(b) 有限元计算模型

图 7.1　双桶基础有限元计算模型

7.3　单调荷载作用下双桶基础结构的承载力特性研究

用位移控制方法,针对双桶基础结构,分别在桶间距中点处施加竖向位移、水平位移和转角,以此确定软黏土地基上双桶基础在竖向荷载、水平荷载以及力矩荷载单独作用下的破坏机制及其极限承载力特性。

7.3.1　单调荷载作用下双桶基础结构的破坏机制

7.3.1.1　竖向荷载作用下双桶基础结构的破坏机制

针对不同桶间距 S,图 7.2 给出了竖向荷载作用下双桶基础的破坏机制和等效塑性应变分布。由图可知:①双桶基础在竖向荷载作用下,向地基内部沉降,主要沉降量发生在各个桶体内部,这与单桶基础是一致的。②与单桶基础相比,双桶基础在竖向荷载作用下,各个桶体基础底部形成连贯的勺形破坏区,并且相邻桶体间的勺形破坏区域相连;但随着桶间距的增大,各桶之间的相连破坏区域逐渐缩小,即随着桶间距的增大,桶与桶之间的相互作用逐渐减弱。与此同时,由于各个桶体下沉使桶体与地基接触区域产生较大剪切破坏,从而造成桶体两侧与地基土接触区域破坏较大;由于竖向荷载的作用,各个基础顶部两侧与土体接触区域产生裂缝。③双桶基础在竖向荷载作用下的地基破坏机制关于中轴线程对称分布。

7.3.1.2　水平荷载作用下双桶基础结构的破坏机制

针对不同桶间距 S,图 7.3 给出了水平荷载作用下双桶基础的破坏机制和等效塑性应变分布。由图可知:①与单桶基础相比,双桶基础在水平荷载作用下,两个桶体围绕桶体之间的中轴线上某点形成旋转位移趋势,旋转半径随着桶间距的增大而增大,基础底部形成了明显的球形旋转破坏面,且旋转趋势随着桶间距的增大而逐渐减弱。②当桶间距较小时,前面的桶体前侧土体被挤压隆起形成被动侧破坏楔体,而后面桶体前侧并没有产生楔体破坏;前后两个桶体的后侧均与土体产生分离形成裂缝,且后面的桶体后侧裂缝较大。当桶间距增大时,前后两个桶体的前侧均形成楔体破坏区域,后侧产生裂缝。③由双桶基础的地基破坏机制可知,当桶间距较小时,地基的破坏区域主要集中在地基底部、前面桶体的前侧和后面桶体的后侧,因此,可以将双桶基础结构简化为一个整体结构考虑;而当桶间距较大时,地基的破坏区域逐渐增多,此时双桶基础结构破坏机制要考虑前后桶体之间的相互影响。

7.3.1.3　力矩荷载作用下双桶基础结构的破坏机制

针对不同的桶间距 S,图 7.4 给出了力矩荷载作用下双桶基础的破坏机制和等效塑性应变分布。由图可知:①与单桶基础相比,双桶基础在力矩荷载作用下,两个桶体围绕桶体之间的中轴线上某点形成旋转位移趋势,旋转半径随着桶间距的增大而增大,基础底部形成了明显的球形旋转破坏面,且旋转趋势随着桶间距的增大而逐渐减弱。②双桶基础在力矩荷载作用下的地基破坏机制与水平荷载作用下的地基破坏机制基本相似,即:当桶间距较小时,前面的桶体前侧土体被挤压隆起形成被动侧破坏楔体,而后面桶体前侧并没有产生楔体破坏;前后两个桶体的后侧

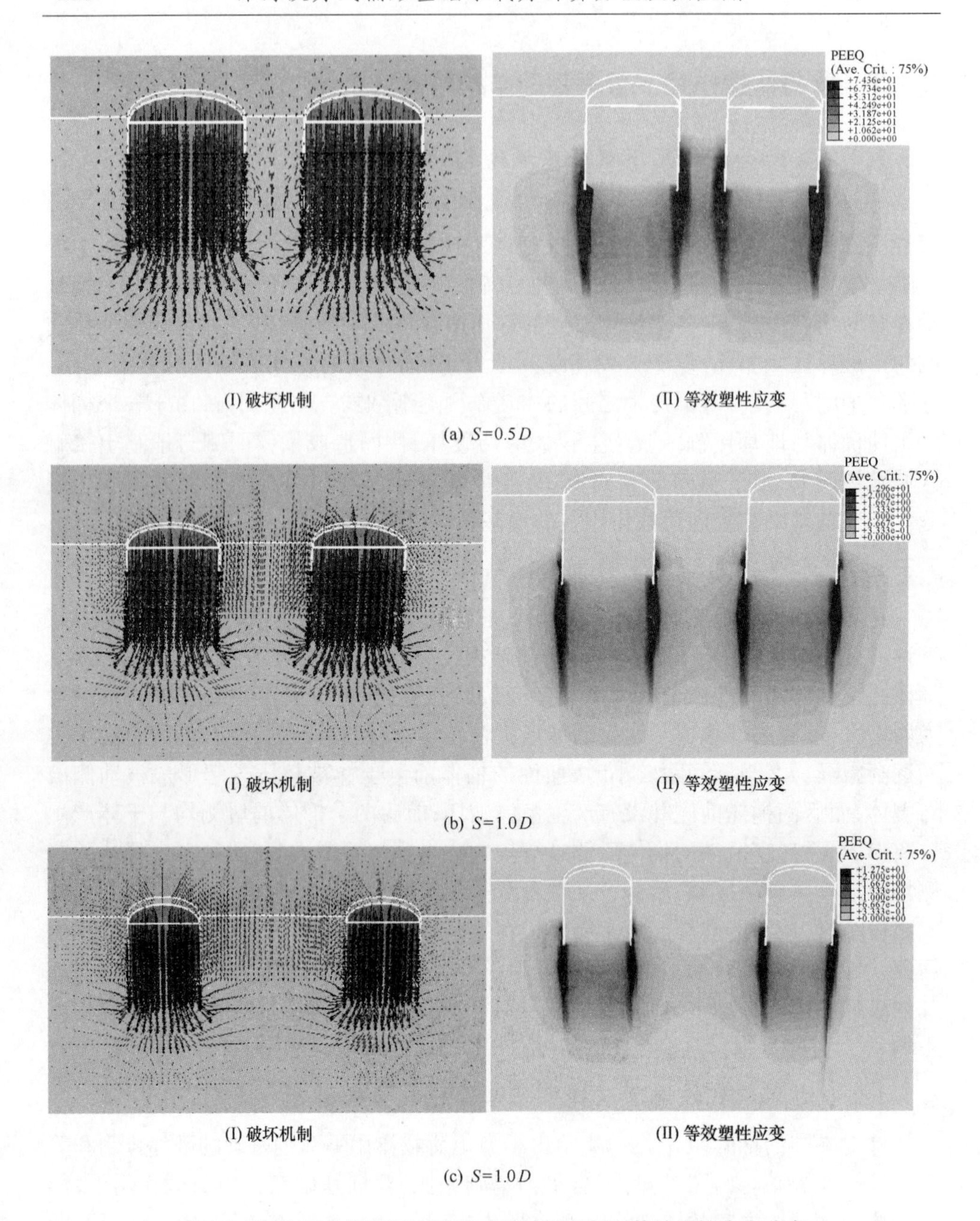

图 7.2　竖向荷载作用下双桶基础的破坏机制和等效塑性应变分布

均与土体产生分离形成裂缝,且后面的桶体后侧裂缝较大。当桶间距增大时,前后两个桶体的前侧均形成楔体破坏区域,后侧产生裂缝。③由双桶基础的地基破坏机制可知,当桶间距较小时,地基的破坏区域主要集中在地基底部、前面桶体的前

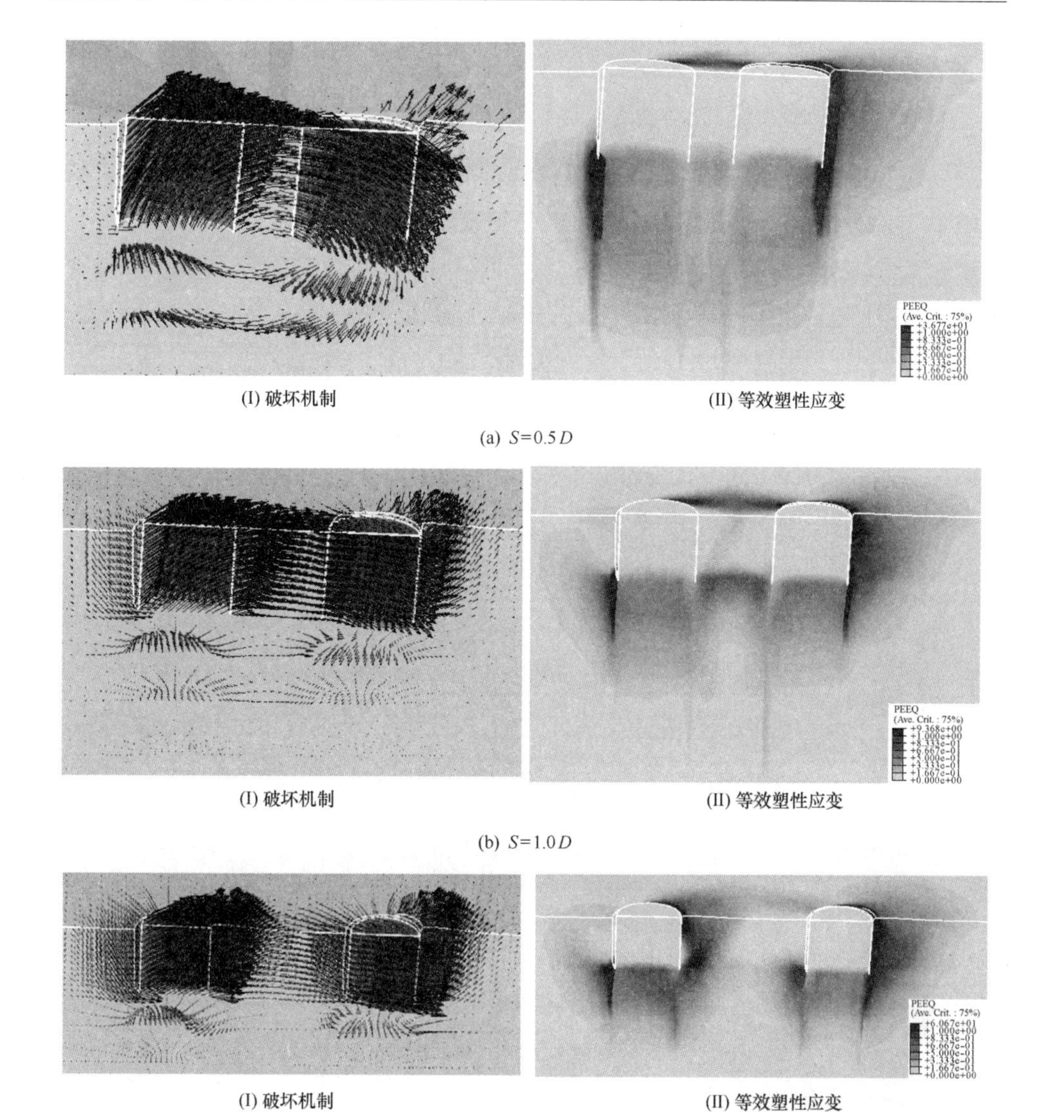

(I) 破坏机制　(II) 等效塑性应变

(a) $S=0.5D$

(I) 破坏机制　(II) 等效塑性应变

(b) $S=1.0D$

(I) 破坏机制　(II) 等效塑性应变

(c) $S=1.0D$

图 7.3　水平荷载作用下双桶基础的破坏机制和等效塑性应变分布

侧和后面桶体的后侧，因此，可以将双桶基础结构简化为一个整体结构考虑；而当桶间距较大时，地基的破坏区域逐渐增多，此时双桶基础结构破坏机制要考虑前后桶体之间的相互影响。

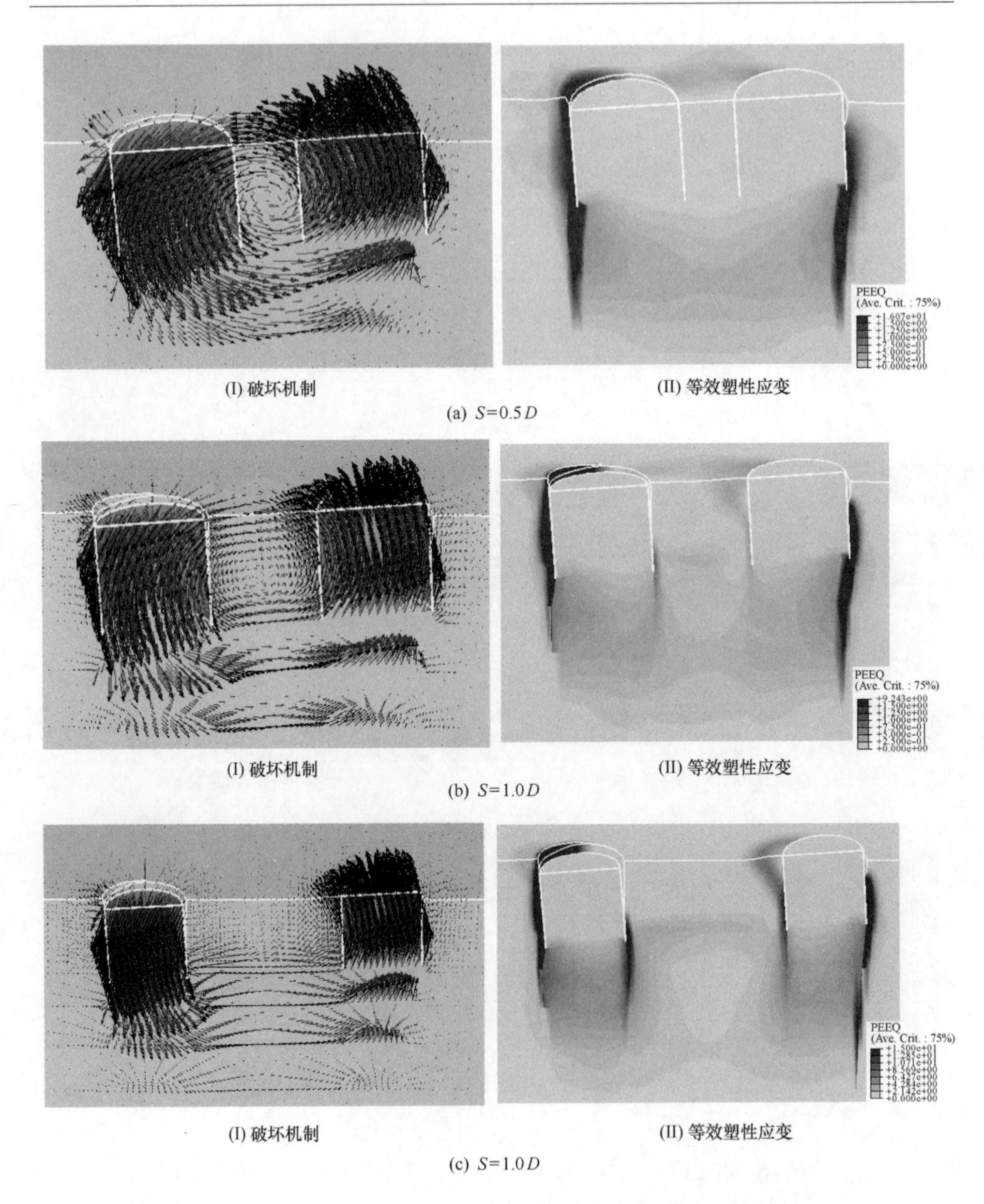

(I) 破坏机制　　(II) 等效塑性应变

(a) $S=0.5D$

(I) 破坏机制　　(II) 等效塑性应变

(b) $S=1.0D$

(I) 破坏机制　　(II) 等效塑性应变

(c) $S=1.0D$

图 7.4　力矩荷载作用下双桶基础的破坏机制和等效塑性应变分布

7.3.2　单调荷载作用下双桶基础结构的极限承载力

图 7.5 给出了双桶基础竖向、水平、力矩承载力比例系数 K 与桶间距 S 之间的

变化关系，其中承载力比例系数 K 为双桶基础各个方向上的极限承载力与对应的单桶基础各个方向的极限承载力之比，即竖向为 K_V、K_H、K_M。由图可知：①力矩荷载受到桶间距的影响最为显著，其次是水平荷载、竖向荷载。②双桶基础在水平、力矩方向上的承载力不能简单地认为是相应的单桶基础在此方向上的承载力的叠加，而竖向承载力可以近似认为是相应的单桶基础的竖向承载力的叠加。③双桶基础在水平力矩方向上的承载力随着桶间距的增大而逐渐增加，且近似线性增长，因此，可以通过确定两个不同桶间距的双桶基础的承载力，绘制不同桶间距承载力比例系数与桶间距的关系图，从而得到所要求的桶间距所对应的双桶基础的极限承载力；而在竖直方向上的承载力并不随着桶间距的改变而变化，基本保持一致，因此，可以通过直接将单桶基础竖向承载力叠加得到不同桶间距的双桶基础的竖向承载力，为桶形基础的设计和施工提供参考依据。④桶间距对水平荷载、力矩荷载影响显著，因此，在桶形基础设计施工中，应该根据所处海洋环境的波浪荷载及风荷载，选择合适的桶间距的桶形基础作为海洋采油平台的基础型式。

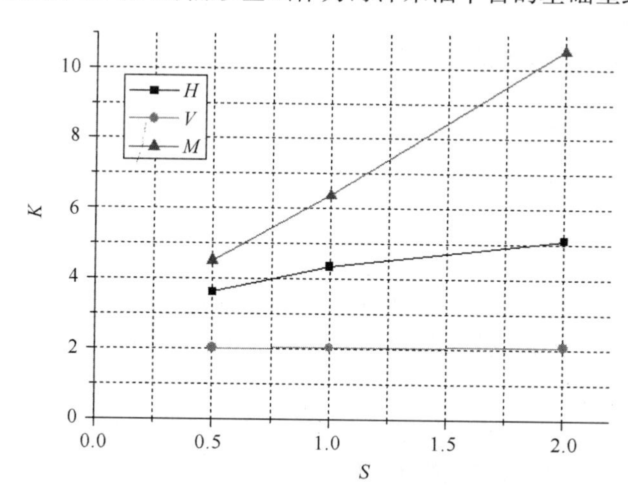

图 7.5　桶间距与承载力比例系数之间的关系

7.4　复合加载模式下双桶基础结构的承载力特性研究

针对多桶基础结构在复合加载模式下的承载力特性研究，同样采用 Swipe 试验加载方式进行加载分析，分别在桶间距中点处施加竖向位移、水平位移和转角，以此确定软黏土地基上双桶基础在复合加载模式下地基的破坏机制及其极限承载力特性。

7.4.1 $V-H$ 荷载空间承载特性

7.4.1.1 地基破坏机制

针对不同桶间距,图 7.6 给出了水平荷载与竖向荷载共同作用的复合加载模式下双桶基础结构的极限平衡状态时地基中等效塑性应变分布。由图可知:①当桶间距较小时,如图 7.6(a)所示,地基破坏区域主要发生于两个桶体相邻较远的一侧,即前面桶体的前侧和后面桶体的后侧,产生较大的剪切破坏,从而导致桶体发生剪切破坏。②当桶间距较大时,如图 7.6(c)所示,地基破坏区域主要表现为各个桶体两侧的剪切破坏,破坏型式与单桶基础结构破坏型式相似。③与水平方向相同的前面桶体的前侧形成了楔形体被动破坏区域,且随着桶间距的增大而逐渐扩大;当桶间距较小时,后面桶体的前侧楔形体被动破坏区域较小,随着桶间距的增大,后面桶体的前侧楔形体破坏区域逐渐扩大。由以上分析可知,竖向荷载在双桶基础结构稳定性分析中起主要作用,而随着桶间距的改变,水平荷载、力矩荷载对双桶基础结构稳定性的影响逐渐增强。

7.4.1.2 破坏包络线

针对不同的桶间距 S,研究双桶基础结构在水平荷载和竖向荷载共同作用下的破坏包络线特性。图 7.7 给出了在 $V-H$ 应力空间内不同桶间距的双桶基础及单桶基础的破坏包络线,其中 H_{ult}、V_{ult} 分别为单桶基础结构在水平、竖向荷载单独作用下的地基极限承载力;H、V 分别为双桶基础结构所承受的水平、竖向荷载。由图可知:①不同桶间距所对应的地基破坏包络面基本相似,且随着桶间距的增大而逐渐扩大。②当 $H/H_{ult}<1.5$ 时,不同桶间距的双桶基础结构所对应的破坏包络面近似为一条水平直线,即它们的竖向荷载比值 V/V_{ult} 是相等的,桶间距对双桶基础结构的竖向承载力影响不大。当 $H/H_{ult}>1.5$ 时,不同桶间距的双桶基础结构所对应的破坏包络面逐渐扩散,即桶间距对双桶基础结构的水平承载力影响较大。这与单调加载作用下所得到的承载力特性是一致。

7.4.2 $V-M$ 荷载空间承载特性

7.4.2.1 地基破坏机制

针对不同桶间距,图 7.8 给出了力矩荷载与竖向荷载共同作用的复合加载模式下双桶基础结构的极限平衡状态时地基中等效塑性应变分布。由图可知,双桶基础结构在力矩、竖向荷载共同作用下的地基破坏机制基本与水平、竖向荷载作用下的地基破坏机制是一致的;在力矩、竖向荷载共同作用的复合加载过程中,竖向

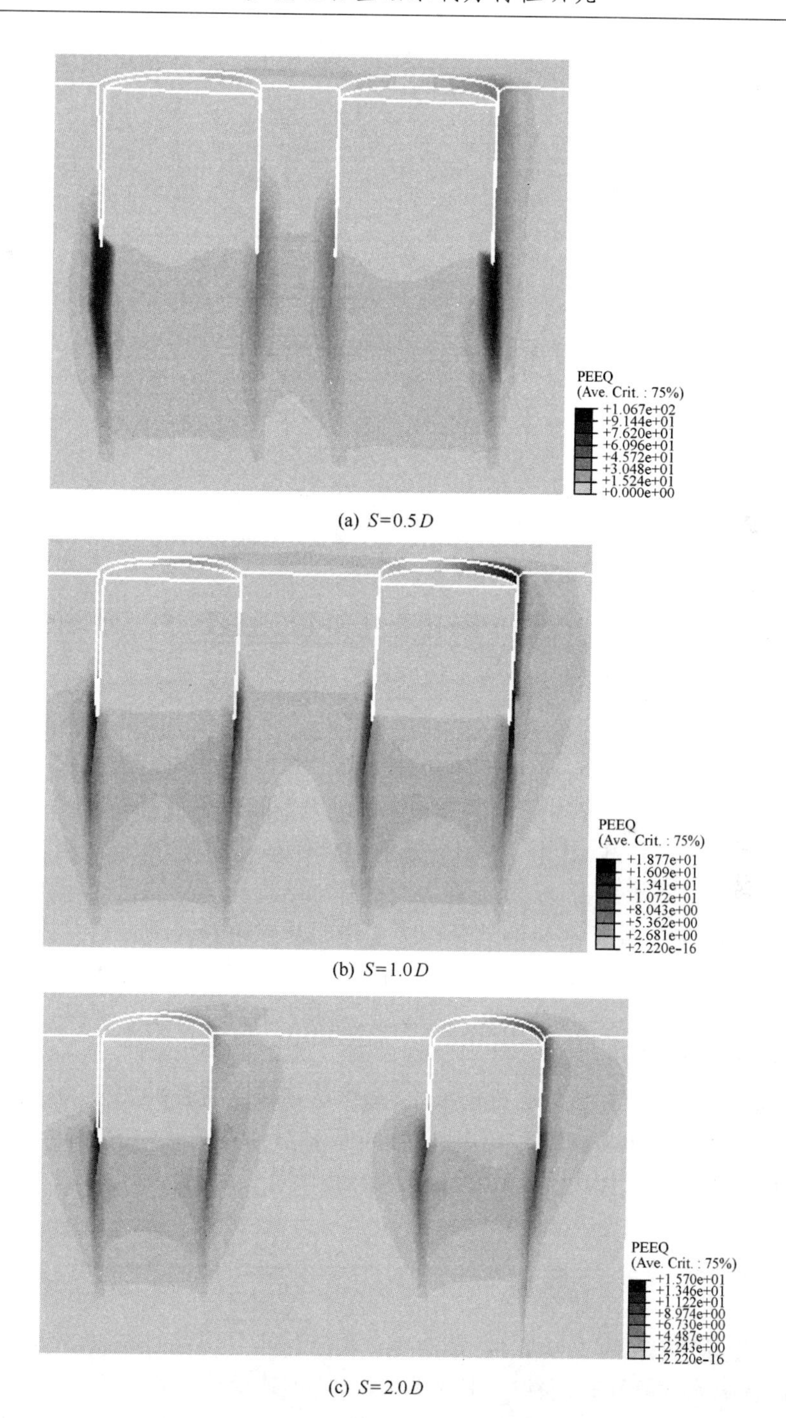

(a) $S=0.5D$

(b) $S=1.0D$

(c) $S=2.0D$

图 7.6　水平、竖向荷载共同作用下极限平衡状态时地基中等效塑性应变分布

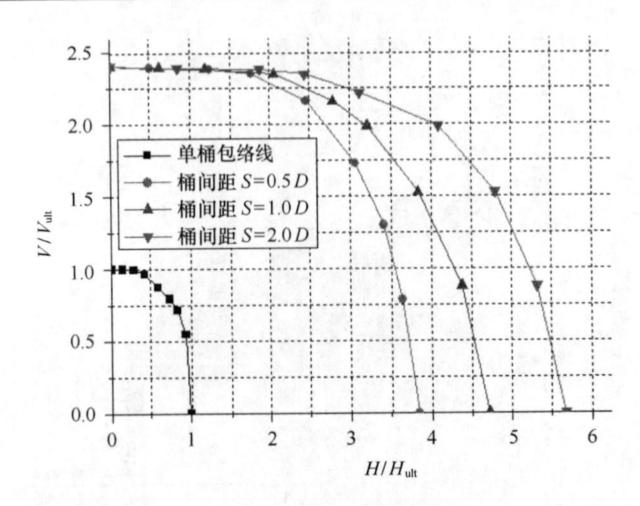

图 7.7 $V-H$ 平面内破坏包络面

荷载在双桶基础结构稳定性分析中同样起主要作用,并且随着桶间距的改变,水平荷载、力矩荷载对双桶基础结构稳定性的影响逐渐增强。

7.4.2.2　破坏包络线

针对不同的桶间距 S,研究双桶基础结构在竖向荷载和力矩荷载共同作用下的破坏包络线特性。图 7.9 给出了在 $V-M$ 应力空间内不同桶间距的双桶基础及单桶基础的破坏包络线,其中 M_{ult}、V_{ult} 分别为单桶基础结构在力矩、竖向荷载单独作用下的地基极限承载力;M、V 分别为双桶基础结构所承受的力矩、竖向荷载。由图可知:①不同桶间距所对应的地基破坏包络面基本相似,且随着桶间距的增大而逐渐扩大。②当 $V/V_{ult}<1.0$ 时,不同桶间距的双桶基础结构所对应的破坏包络面近似为一条水平直线,但直线高度不同,即它们的力矩荷载比值 M/M_{ult} 不相同,桶间距对双桶基础结构的力矩承载力影响显著。当 $V/V_{ult}>1.0$ 时,不同桶间距的双桶基础结构对应的破坏包络面逐渐缩小,最终达到竖向荷载最大值,不同桶间距的双桶基础结构破坏包络面缩为一点,即桶间距对双桶基础结构的竖向承载力影响不大。这与单调加载作用下所得到的承载力特性是一致。

7.5　结论

在大型通用有限元分析软件 ABAQUS 平台上,针对多桶基础地基的承载力特性,通过有限元数值计算,探讨了桶间距与双桶基础承载力特性之间的相互关系,提出了根据桶间距计算相应双桶基础地基承载力的简便方法。通过大量有限元计算与对比分析,认识到:

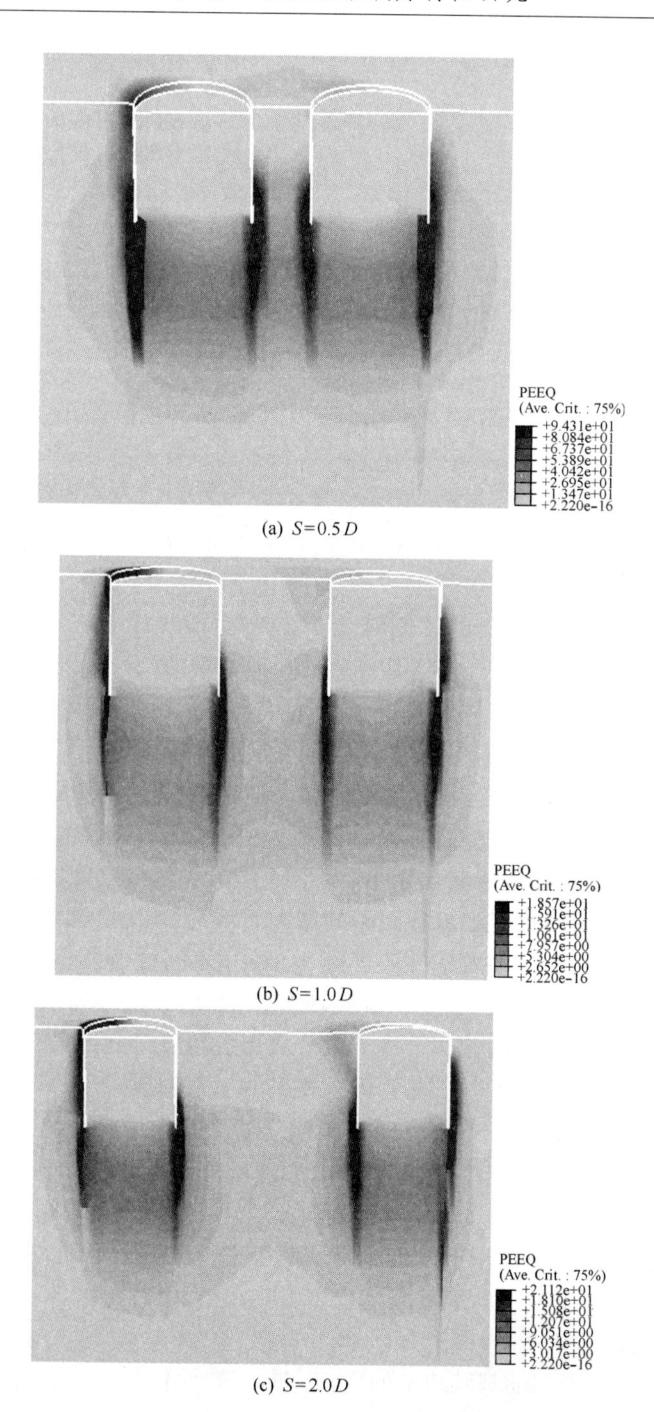

(a) $S=0.5D$

(b) $S=1.0D$

(c) $S=2.0D$

图 7.8　竖向、力矩荷载共同作用下极限平衡状态时地基中等效塑性应变分布

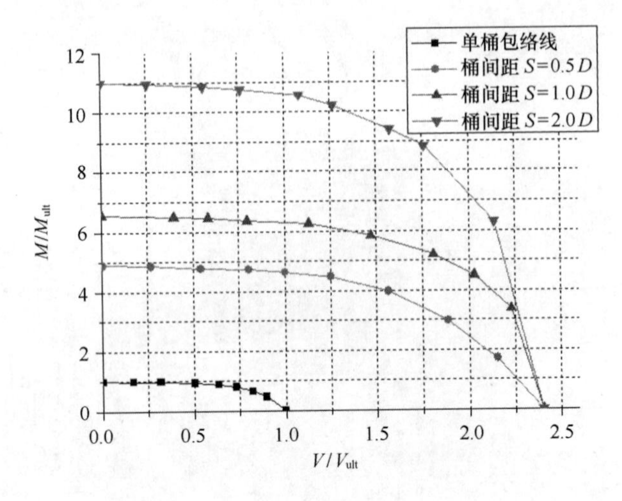

图 7.9　$V-M$ 平面内破坏包络面

(1)与单桶基础相比,针对不同桶间距 S:竖向荷载作用下双桶基础的破坏机制与单桶基础是一致的,各个桶体基础底部形成连贯的勺形破坏区,并且相邻桶体间的勺形破坏区域相连;但随着桶间距的增大,各桶之间的相连破坏区域逐渐缩小,即随着桶间距的增大,桶与桶之间的相互作用逐渐减弱。与此同时,由于各个桶体下沉使得桶体与地基接触区域产生较大剪切破坏,从而造成桶体两侧与地基土接触区域破坏较大;由于竖向荷载的作用,各个基础顶部两侧与土体接触区域产生裂缝。双桶基础在水平荷载作用下,两个桶体围绕桶体之间的中轴线上某点形成旋转位移趋势,旋转半径随着桶间距的增大而增大,基础底部形成了明显的球形旋转破坏面,且旋转趋势随着桶间距的增大而逐渐减弱;当桶间距较小时,前面的桶体前侧土体被挤压隆起形成被动侧破坏楔体,而后面桶体前侧并没有产生楔体破坏;前后两个桶体的后侧均与土体产生分离形成裂缝,且后面的桶体后侧裂缝较大;当桶间距增大时,前后两个桶体的前侧均形成楔体破坏区域,后侧产生裂缝。双桶基础在力矩荷载作用下,两个桶体围绕桶体之间的中轴线上某点形成旋转位移趋势,旋转半径随着桶间距的增大而增大,基础底部形成了明显的球形旋转破坏面,且旋转趋势随着桶间距的增大而逐渐减弱,即双桶基础在力矩荷载作用下的地基破坏机制与水平荷载作用下的地基破坏机制基本相似。由此可知,桶间距对于竖向荷载作用下双桶基础的地基破坏机制影响较小,而对于水平、力矩荷载作用下的地基破坏机制影响较大。

(2)桶间距对于双桶基础地基的力矩方向上的承载力特性影响最为显著,其次是水平荷载、竖向荷载,其在水平、力矩方向上的承载力不能简单地认为是相应的单桶基础在此方向上的承载力的叠加,而竖向承载力可以近似认为是相应的单桶基础的竖向承载力的叠加。由有限元计算分析可知，双桶基础在水平、力矩方向上的承载力随着桶间距的增大而逐渐增加，且近似线性增长，因此，可以通过确定两个不同桶间距的双桶基础的承载力，绘制不同桶间距承载力比例系数与桶间距的关系图，从而得到所要求的桶间距所对应的双桶基础的极限承载力；而在竖直方向上的承载力并不随着桶间距的改变而变化，基本保持一致，因此，可以通过直接将单桶基础竖向承载力叠加得到不同桶间距的双桶基础的竖向承载力，而桶间距对水平荷载、力矩荷载登横向荷载影响显著，在桶形基础设计施工中，应该根据所处海洋环境的波浪荷载及风荷载，选择合适的桶间距的桶形基础作为海洋采油平台的基础型式。

(3)针对不同桶间距 S，双桶基础结构在水平、竖向荷载共同作用下的地基破坏机制基本与力矩、竖向荷载作用下的地基破坏机制是一致的。当桶间距较小时，地基破坏区域主要发生于两个桶体相邻较远的一侧，即前面桶体的前侧和后面桶体的后侧，产生较大的剪切破坏，从而导致桶体发生剪切破坏，与此同时，后面桶体的前侧楔形体被动破坏区域较小，随着桶间距的增大，后面桶体的前侧楔形体破坏区域逐渐扩大；当桶间距较大时，地基破坏区域主要表现为各个桶体两侧的剪切破坏，破坏型式与单桶基础结构破坏型式相似，与水平、力矩方向相同的前面桶体的前侧形成了楔形体被动破坏区域，且随着桶间距的增大而逐渐扩大。在不同的复合加载过程中，竖向荷载在双桶基础结构稳定性分析中同样起主要作用，并且随着桶间距的改变，水平荷载、力矩荷载对双桶基础结构稳定性的影响逐渐增强。

(4)针对不同的桶间距 S，研究双桶基础结构在不同的破坏包络线特性，不同桶间距所对应的地基破坏包络面基本相似，且随着桶间距的增大而逐渐扩大。在 $V-H$ 荷载空间中，当 $H/H_{ult}<1.5$ 时，不同桶间距的双桶基础结构所对应的破坏包络面近似为一条水平直线，即它们的竖向荷载比值 V/V_{ult} 是相等的，桶间距对双桶基础结构的竖向承载力影响不大；当 $H/H_{ult}>1.5$ 时，不同桶间距的双桶基础结构所对应的破坏包络面逐渐扩散，即桶间距对双桶基础结构的水平承载力影响较大，这与单调加载作用下所得到的承载力特性是一致。而在 $V-M$ 荷载空间内，当 $V/V_{ult}<1.0$ 时，不同桶间距的双桶基础结构所对应的破坏包络面近似为一条水平直线，但直线高度不同，即它们的力矩荷载比值 M/M_{ult} 不相同，桶间距对双桶基础结构的力矩承载力影响显著；当 $V/V_{ult}>1.0$ 时，不同桶间距的双桶基础结构所对应的破坏包络面逐渐缩小，最终达到竖向荷载最大值，不同桶间距的双桶基础结构破坏包络面缩为一点，即桶间距对双桶基础结构的竖向承载力影响不大，这与单调加载作用下所得到的承载力特性是一致。

8　CB20B 海洋采油平台基础承载力特性研究

8.1　有限元计算模型

针对国内外缺乏探讨多桶基础结构在复合加载模式下的地基承载力特性的现状，以我国第一座吸力式桶形基础采油平台为例，建立了多桶基础结构三维有限元计算模型，如图 8.1 所示。其中，各个桶体结构尺寸同样采用单桶基础结构承载力求解时的尺寸；桶体结构采用弹性模型，由于只研究桶体结构与地基之间的相互作用，不考虑桶体结构以上平台钢架的变形特性，假定四个桶体之间采用钢体结构链结。土体参数仍按照理想弹塑性材料考虑，与单桶基础承载力特性研究所取参数一致；桶壁与桶内外土体之间的接触同样采用单桶基础结构承载力分析中所采用 ABAQUS 摩擦接触对模拟。地基土的计算范围水平向取桶径的 10 倍，竖向取 10 倍桶高，其有限元计算模型如图 8.2 所示。对于四桶基础地基承载力确定标准，采用双桶基础地基承载力确定标准。

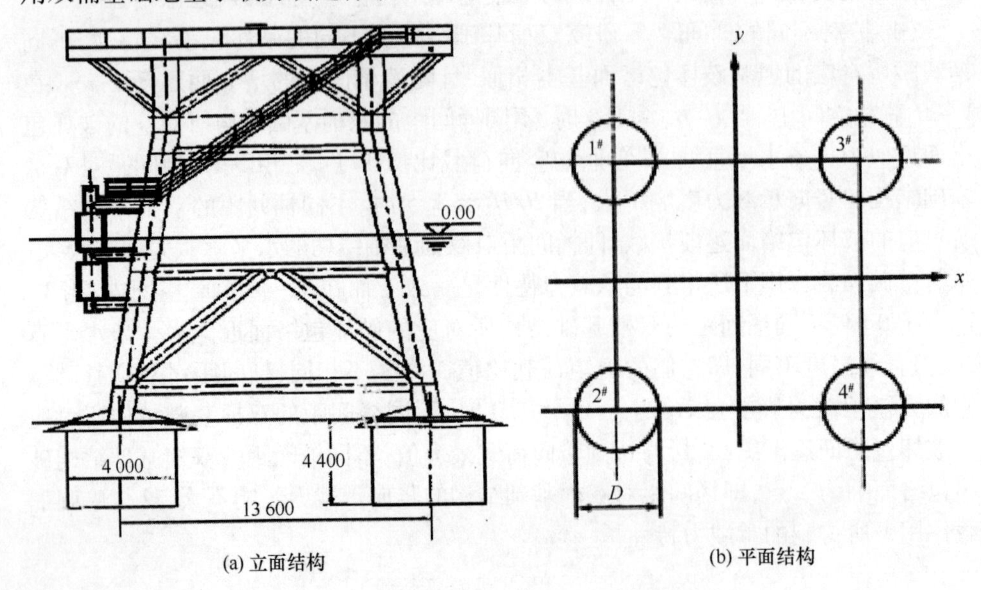

图 8.1　CB20B 桶形基础平台结构参数

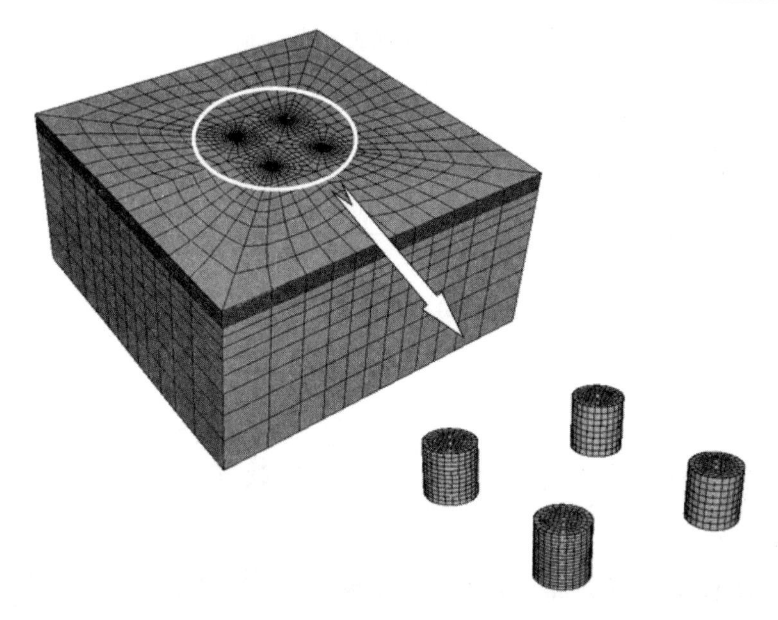

图 8.2 四桶基础有限元计算模型

8.2 CB20B 桶形基础采油平台设计工况[218]

为了验证所得的有限元数值计算结论的正确性,并将其应用到实际工程中,与真实工况进行对比,本文参考 CB20B 桶形基础采油平台结构设计工况,将有限元计算结论运用到实际工况中,验证本文所得到的结论的合理性和实用性。

CB20B 桶形基础采油平台结构是由三部分组成,即甲板模块、导管架支撑结构、桶基结构,本文只针对桶基结构的稳定性进行研究。在地基稳定性计算中,考虑施工就位与极端环境荷载两种情况,其稳定性研究的计算工况包括:

(1)施工就位波浪工况(工况 1):风 + 波浪 + 流 + 浮力 + 结构自重 + 设备重 + 压载水及水箱重,水深 10.38 m;

(2)极端波浪工况(工况 2):风 + 波浪 + 流 + 浮力 + 结构自重 + 设备重,水深 11.89 m;

(3)极端海冰工况(工况 3):风 + 冰力 + 流 + 浮力 + 结构自重 + 设备重,水深 10.38 m。

按照设定的荷载工况,在表 8.1 给出了环境条件下,计算各工况的环境荷载并进行载荷组合。

表 8.1 载荷组合[218] 单位:KN

载荷	风力	波浪力	海流力	冰力	浮力	结构自重	设备/压载	工作水深/m
工况 1	4.69	153.59			686.97		4 010.00	10.38
工况 2	71.00	1 082.65			1 213.80	1 210.46	1 093.00	11.98
工况 3	77.66		31.59	1 295.76	977.16	1 210.46	1 093.00	10.38

在进行 CB20B 桶形基础稳定性计算中,将风、波浪、海流力、冰力作为水平荷载;风、波浪、海流力、冰力与工作水深的乘积作为力矩荷载;结构自重及设备/压载作为竖向荷载。

8.3 CB20B 海洋采油平台基础承载力特性研究

8.3.1 单调荷载作用下 CB20B 海洋采油平台基础承载力特性研究

针对 CB20B 海洋采油平台基础结构,用位移控制方法,分别在四个桶对角线的交点处施加竖向位移、水平位移和转角,以此确定软黏土地基上四桶基础在竖向荷载、水平荷载以及力矩荷载单独作用下的破坏机制及其极限承载力特性。

图 8.3、图 8.4、图 8.5 分别给出了水平荷载、竖向荷载、力矩荷载单调作用下 CB20B 海洋采油平台基础的地基破坏机制分布,其中水平荷载与力矩荷载向左侧施加,竖向荷载垂直向地基内部施加。由图可知:① CB20B 海洋采油平台基础结构在水平荷载作用下,四个桶体围绕桶体之间的中轴线上某点形成旋转位移趋势,四个桶体前侧均产生挤压破坏;四个桶体后侧均产生裂缝,且左侧两个桶体后侧产生的裂缝要小于右侧两个桶体后侧产生的裂缝;与此同时,左侧两个桶体在水平荷载作用下挤压入地基土内部,而右侧两个桶体翘起。如果将四个桶体作为一个整体基础结构,其得到的地基破坏机制与单桶基础结构地基破坏机制基本相似。② CB20B 海洋采油平台基础结构在竖向荷载作用下,四个桶体向地基内部沉降,桶体外侧均与地基土产生剪切破坏,产生分离,其地基破坏型式为对称结构,可以近似看做四个单桶基础结构在竖向荷载作用下地基破坏机制的组合。③ CB20B 海洋采油平台基础结构在力矩荷载作用下,其地基破坏机制与水平荷载作用下的地基破坏机制基本相似。

进一步,表 8.2 给出了 CB20B 海洋采油平台基础结构分别在水平、竖向、力矩荷载单调作用下的地基极限承载力与单桶基础地基极限承载力的关系,其中 K 为承载力比例系数,即 CB20B 海洋采油平台基础结构的地基极承载力与单桶基础地基极限承载力的比值,H、V、M 为单桶基础的地基极限承载力,A 为桶体顶部表面

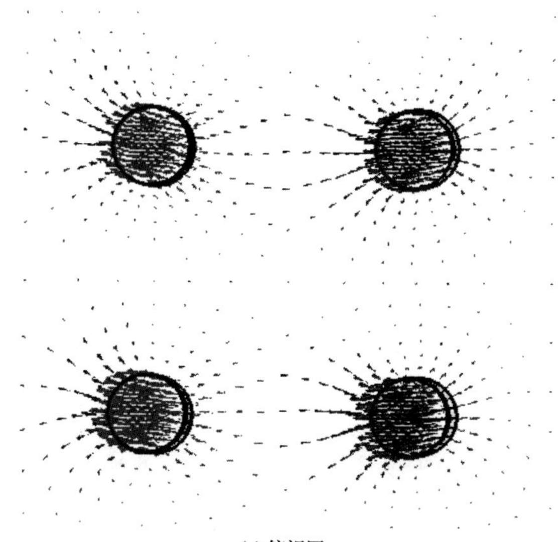

(a) 俯视图

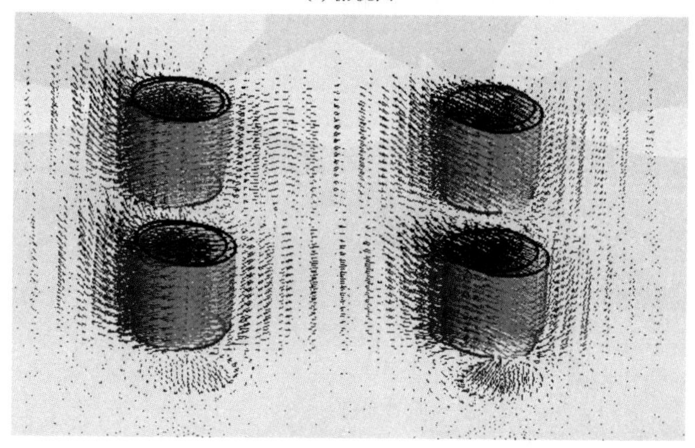

(b) 侧视图

图 8.3 水平荷载作用下 4 桶基础的破坏机制

积，D 为桶体的直径，S_{u0} 为软黏土不排水抗剪强度。

表 8.2 CB20B 海洋采油平台基础结构的地基极限承载力

	水平荷载	竖向荷载	力矩荷载
N	180.202KN	461.437KN	533.819KN
K	25.453	8.437	53.565

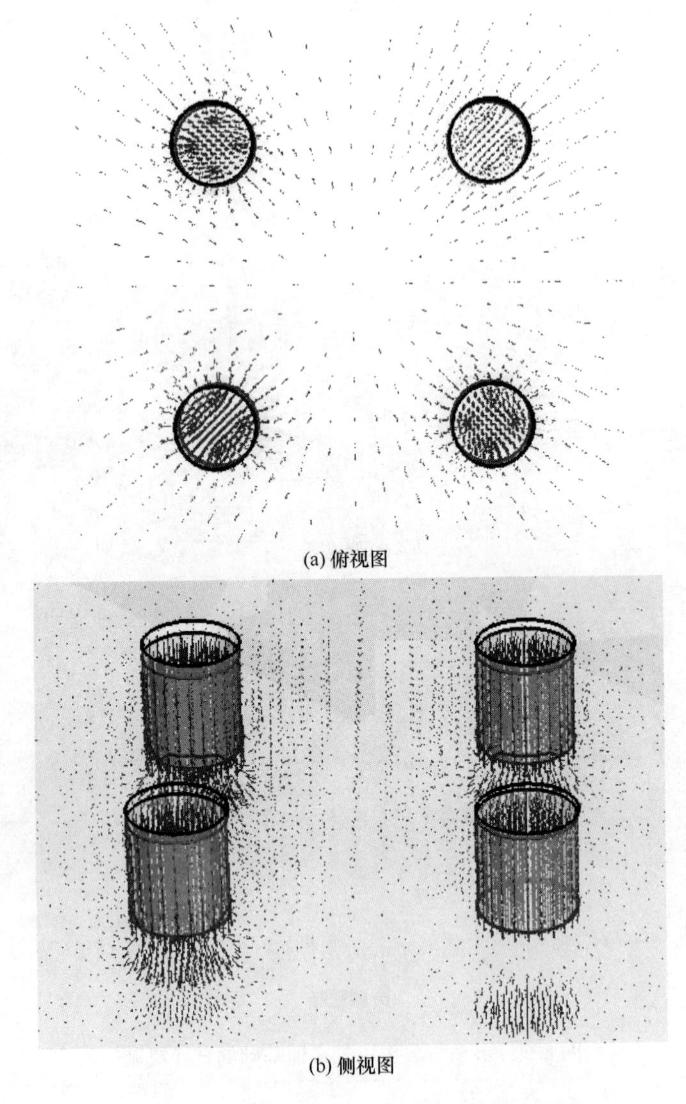

(a) 俯视图

(b) 侧视图

图 8.4　竖向荷载作用下四桶基础的破坏机制

8.3.2　复合加载模式下 CB20B 海洋采油平台基础承载力特性研究

针对 CB20B 海洋采油平台基础结构,用 Swipe 试验加载方法,在 4 个桶对角线的交点处施加竖向位移、水平位移和转角,以此确定软黏土地基上 4 桶基础在复合加载模式下地基的破坏机制及承载力特性。

图 8.6、图 8.7 分别给出了 CB20B 海洋采油平台基础结构在不同荷载组合

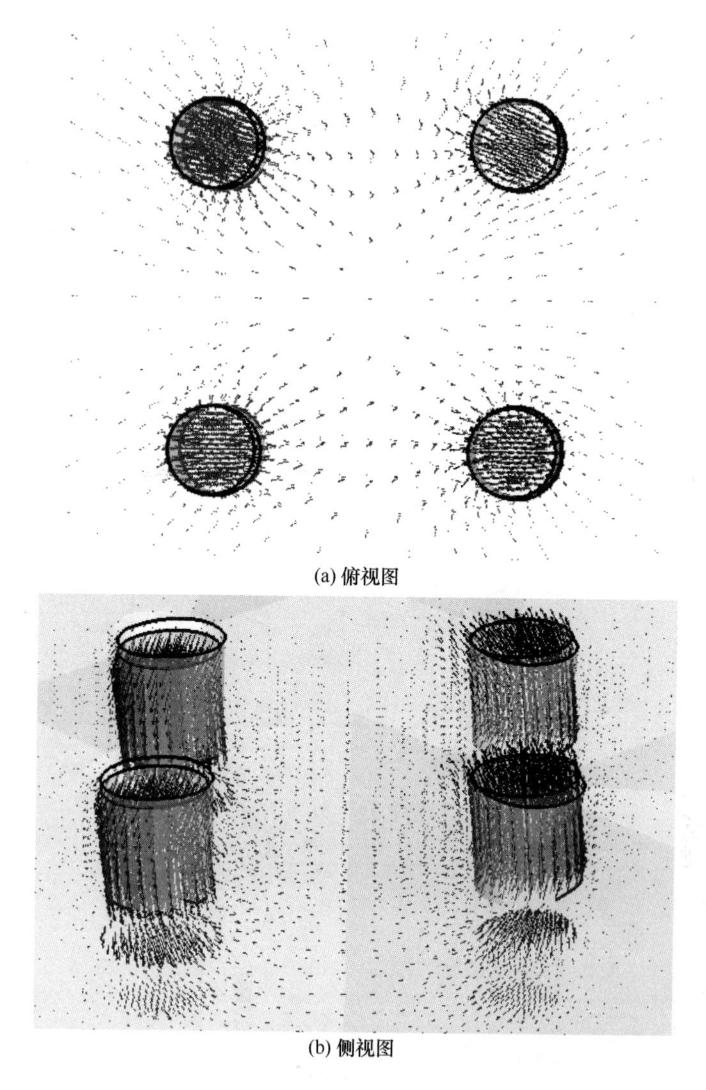

(a) 俯视图

(b) 侧视图

图 8.5　力矩荷载作用下四桶基础的破坏机制

模式下极限平衡状态时地基中等效塑性应变分布。由图可知:① 4 个桶体结构均在基础底部及桶体与地基土接触区域产生剪切破坏。②四个桶体结构均在与水平荷载、力矩荷载作用方向相同的一侧产生被动楔形体破坏区域,而相反一侧产生裂缝,这与单桶基础结构地基破坏模式基本相似。③水平与竖向荷载共同作用下地基中等效塑性应变分布要高于力矩与竖向荷载共同作用下地基中等效塑性应变分布,且前后四个桶体破坏区域连通,相互作用要比力矩与竖向荷载相互作用显著。

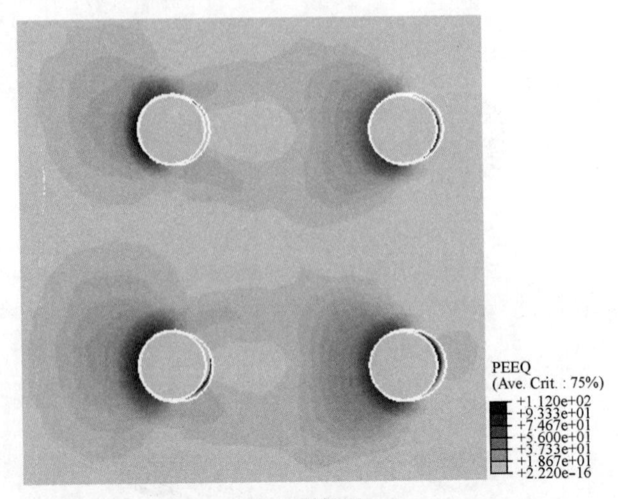

(a) 俯视图

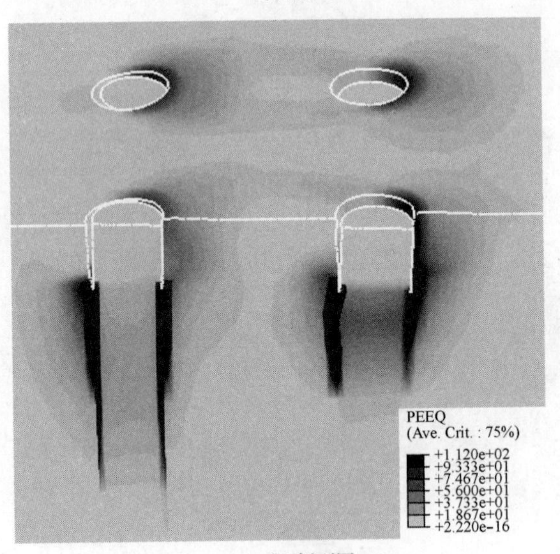

(b) 剖面图

图 8.6　水平、竖向荷载共同作用下极限平衡状态时地基中等效塑性应变分布

进一步，针对 CB20B 各种工况情况，图 8.8、图 8.9 分别在 $V-H$、$V-M$ 荷载空间内给出了 CB20B 采油平台基础的地基破坏包络面与各种工况分布图，其中 N_H、N_V、N_M 分别为水平、竖向、力矩承载力系数。由图可知：①三种工况均位于地基破坏包络面之内，即三种工况下的桶形基础地基都处于稳定状态。②对于桶形基础安装就位时，如工况 1，竖向荷载是影响桶形基础地基稳定性的主要因素，而水平

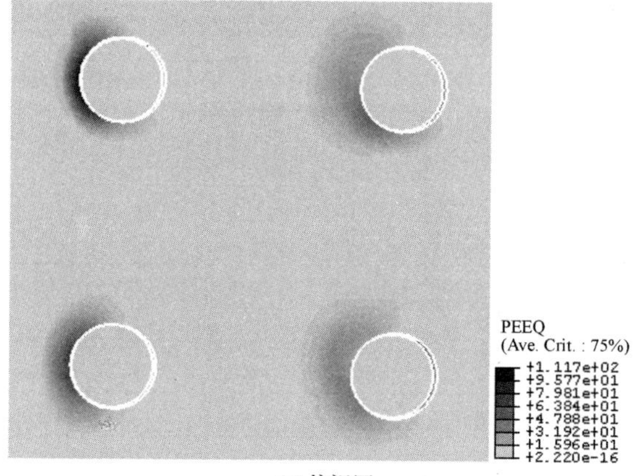

(a) 俯视图

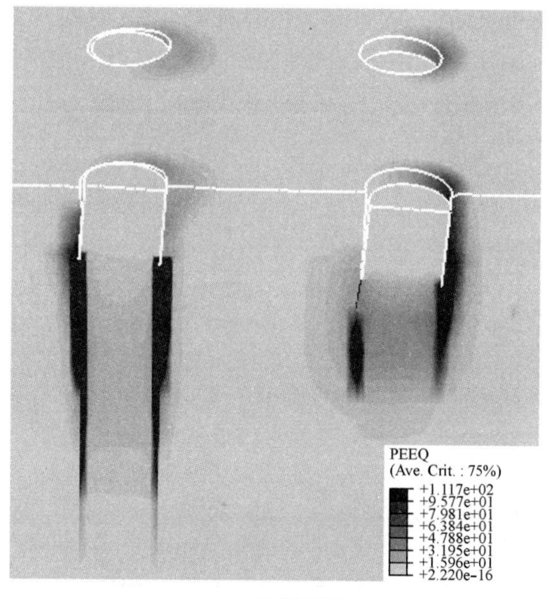

(b) 剖面图

图 8.7 竖向、力矩荷载共同作用下极限平衡状态时地基中等效塑性应变分布

荷载、力矩荷载影响较小。③对于风、波浪等水平荷载极端状况，如工况 2、工况 3，由于平台结构所承受的浮力增大，造成竖向荷载减小，水平荷载、力矩荷载增加，且力矩荷载对 CB20B 桶形基础稳定性的影响要比水平荷载的显著。由此表明，在桶形基础设计施工时，可以通过求解桶形基础可能承受的水平、竖向、力矩荷载的承载力系数，并与不同荷载空间内的地基破坏包络面进行对比分析，如果荷载作用点

位于破坏包络面之内,可以评定地基处于稳定状态,反之,地基可能发生失稳破坏。

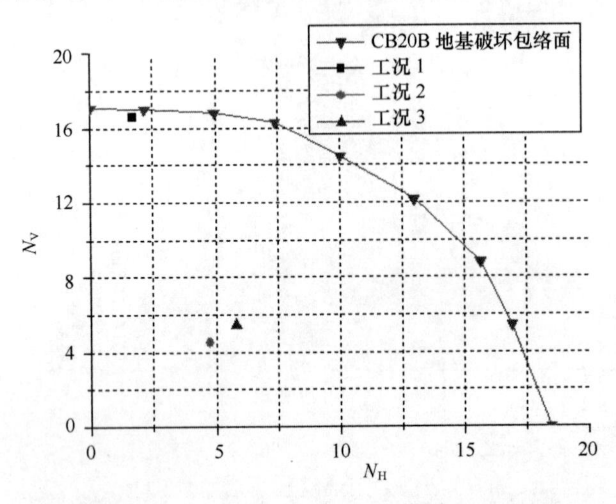

图 8.8　$V-H$ 平面内地基破坏包络面

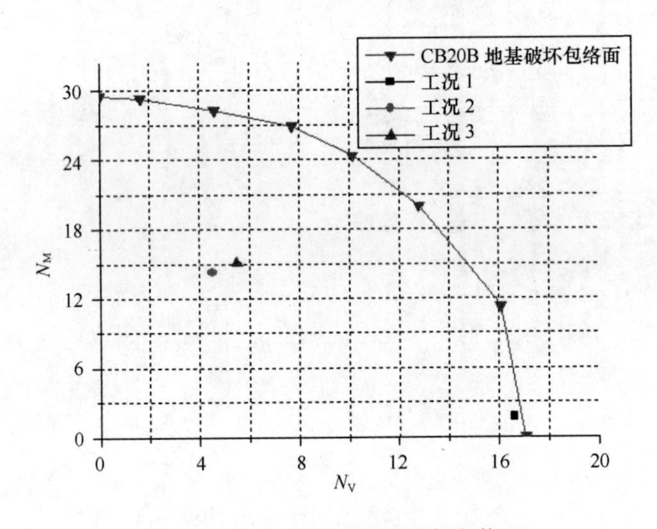

图 8.9　$V-M$ 平面内地基破坏包络面

进一步,图 8.10 给出了 $V-H-M$ 荷载空间内的 CB20B 桶形基础地基的三维破坏包络面与三种实际工况的分布图。由图可知:①三种工况均位于地基破坏包络面之内,即三种工况下的桶形基础地基都处于稳定状态。②采用地基三维破坏包络面评价 CB20B 吸力式桶形基础的有限元数值分析方法是合理且可行的,为桶形基础的设计和施工提供了简便的评价地基稳定性的理论依据和方法。

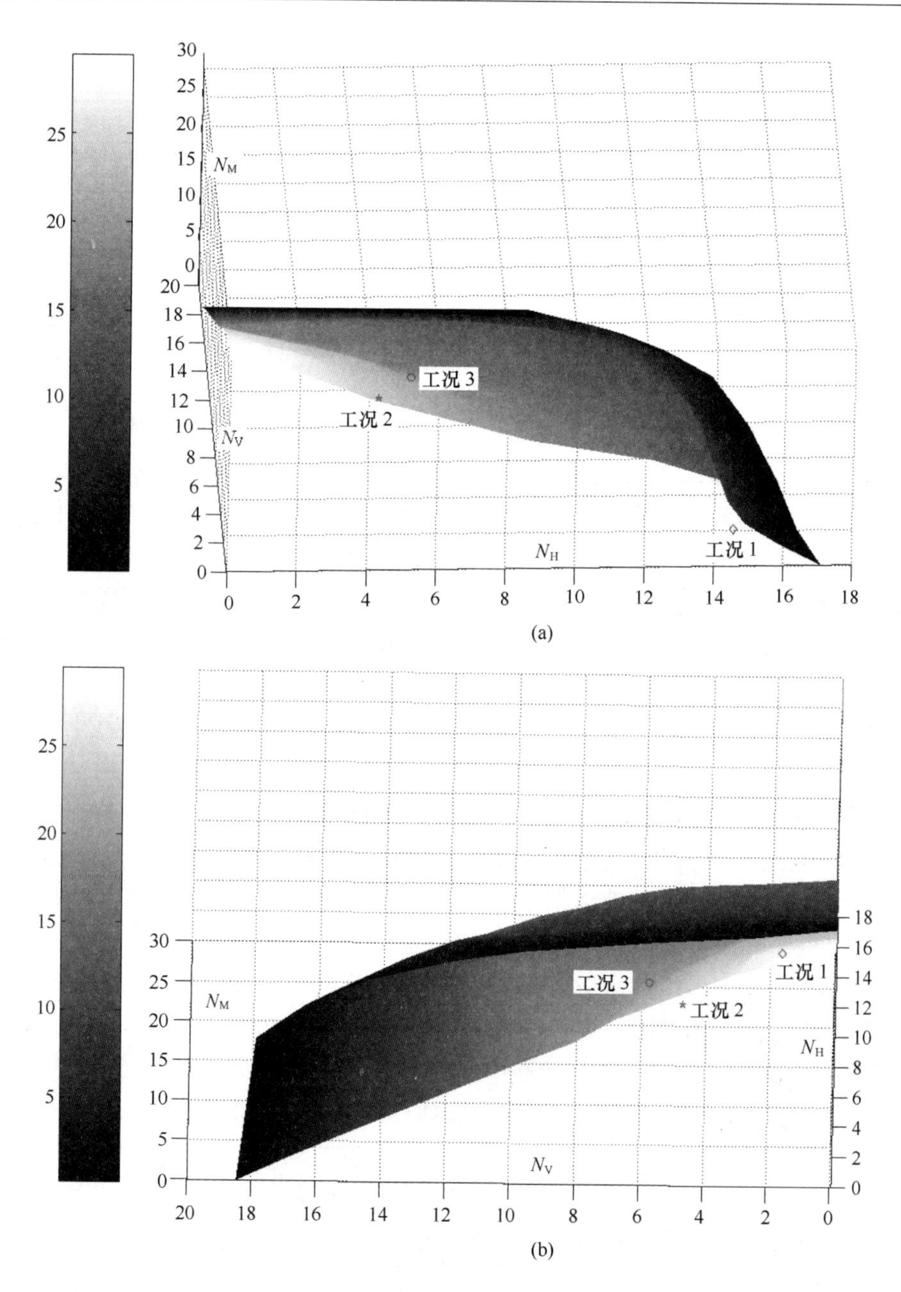

图 8.10 $V-H-M$ 平面内地基破坏包络面

8.4 小结

在大型通用有限元分析软件 ABAQUS 平台上,针对我国第一座吸力式桶形基础采油平台 CB20B,探讨了各种荷载工况下地基的承载力特性,绘制了不同荷载组合模式下的地基破坏包络面,并与实际工程中的三种工况进行了对比分析,从而论证了本文所提出的地基承载力计算方法的可行性和合理性。通过大量有限元计算与对比分析,可以得到:

(1)针对我国第一座吸力式桶形基础 CB20B 采油平台,探讨了其在不同荷载单独作用下的地基破坏机制分布,CB20B 海洋采油平台基础结构在水平荷载作用下,4 个桶体围绕桶体之间的中轴线上某点形成旋转位移趋势,4 个桶体前侧均产生挤压破坏;4 个桶体后侧均产生裂缝,且左侧 2 个桶体后侧产生的裂缝要小于右侧 2 个桶体后侧产生的裂缝;与此同时,左侧 2 个桶体在水平荷载作用下挤压入地基土内部,而右侧 2 个桶体翘起。如果将 4 个桶体作为一个整体基础结构,其得到的地基破坏机制与单桶基础结构地基破坏机制基本相似;CB20B 海洋采油平台基础结构在竖向荷载作用下,4 个桶体向地基内部沉降,桶体外侧均与地基土产生剪切破坏,产生分离,其地基破坏型式为对称结构,可以近似看做 4 个单桶基础结构在竖向荷载作用下地基破坏机制的组合;CB20B 海洋采油平台基础结构在力矩荷载作用下,其地基破坏机制与水平荷载作用下的地基破坏机制基本相似。进一步,由 CB20B 海洋采油平台基础结构在不同荷载组合模式下极限平衡状态时地基中等效塑性应变分布可知,4 个桶体结构均在基础底部及桶体与地基土接触区域产生剪切破坏;4 个桶体结构均在与水平荷载、力矩荷载作用方向相同的一侧产生被动楔形体破坏区域,而相反一侧产生裂缝,这与单桶基础结构地基破坏模式基本相似;水平与竖向荷载共同作用下地基中等效塑性应变分布要高于力矩与竖向荷载共同作用下地基中等效塑性应变分布,且前后 4 个桶体破坏区域连通,相互作用要比力矩与竖向荷载相互作用显著。

(2)进一步,针对 CB20B 各种工况情况,在 $V-H$、$V-M$、$V-H-M$ 荷载空间内给出了 CB20B 采油平台基础的地基破坏包络面与各种工况分布可知,三种工况均位于地基破坏包络面之内,即三种工况下的桶形基础地基都处于稳定状态。对于桶形基础安装就位时,如工况 1,竖向荷载是影响桶形基础地基稳定性的主要因素,而水平荷载、力矩荷载影响较小;而对于风、波浪等水平荷载极端状况,如工况 2、工况 3,由于平台结构所承受的浮力增大,造成竖向荷载减小,水平荷载、力矩荷载增加,且力矩荷载对 CB20B 桶形基础稳定性的影响要比水平荷载的显著。由此表明,在桶形基础设计施工时,可以通过求解桶形基础可能承受的水平、竖向、力矩荷载的承载力系数,并与不同荷载空间内的地基破坏包络面进行对比分析,如果荷载作用点位于破坏包络面之内,可以评定地基处于稳定状态,反之,地基可能发生失稳破坏。

参 考 文 献

[1] 张志勇. 海洋工程发展环境分析与市场投资预测[J]. 海洋工程, 2005, (237):28-30.

[2] 金伟良. 海洋工程中的若干力学问题[J]. 科技通报, 1997, (2):86-92.

[3] 曹惠芬. 世界深海油气钻进装备发展趋势[J]. 海洋工程, 2005, (237):24-27.

[4] 邱大洪. 海岸和近海工程学科中的科学技术问题[J]. 大连理工大学学报, 2000, 40(6): 631-637.

[5] 顾小芸. 海洋工程地质的回顾与展望[J]. 工程地质学报, 2000, 8(1):40-45.

[6] 栾茂田,等. 长江口深水航道治理工程大圆筒结构整体稳定性分析[R]. 大连理工大学岩土工程研究所研究报告(提交中交第四航务工程勘察设计院), 2003 年 8 月.

[7] 刘振纹. 软土地基上桶形基础稳定性研究[博士学位论文][D]. 天津: 天津大学, 2002.

[8] 鲁晓兵, 郑哲敏, 张金来. 海洋平台吸力式基础的研究与进展[J]. 力学进展, 2003, 33(1):27-40.

[9] Partha P S. Ultimate capacity of suction caisson in normally and lightly overconsolidated clays [PH. D][D]. Texas A & M University, 2004.

[10] 李驰. 软土地基桶形基础循环承载力研究[硕士学位论文][D]. 天津: 天津大学, 2006.

[11] Tjelta T I. Geotechnical experience from installation of the Europipe jacket with bucket foundations. OTC7795, 1995, 897-908.

[12] 施晓春, 徐日庆, 龚晓南, 等. 桶形基础发展概况[J]. 土木工程学报, 2000, 33(4):68-92.

[13] Senpere D, Auvergne G A. Suction piles - A proven alternative to driving or drilling[A]. OTC4206, 1982, 483-493.

[14] Aas P M, Andersen K H. Skirted foundations for offshore structures[A]. The 9th Offshore South East Asia Conference, 1992, 1-7.

[15] Bye A, Erbrich C, Tjelta T I. et al. Geotechnical Design of Bueket Foundations[A]. OTC7793, OTC27, 1995, 869-883.

[16] 张伟. 滩海桶形基础三维弹塑性数值分析与模型试验研究[博士学位论文][D]. 天津: 天津大学, 2002.

[17] 齐剑锋. 粉质土中桶基负压沉贯过程及其土塞发展的研究[硕士学位论文][D]. 青岛: 中国海洋大学, 2003.

[18] 张士华. 海上桶形基础平台负压沉贯渗流场有限元分析[博士学位论文][D]. 青岛: 中国海洋大学, 2001.

[19] 丁红岩, 张明, 李铁,等. 筒型基础系缆平台沉/拔过程侧摩阻力原型测试[J]. 天津大学学报, 2003,36(1):63-67.

[20] Barheim M. Development and structural design of the bucket foundation for the Europipe Jacket [A]. OTC7792, 1995.

[21] 施晓春, 徐日庆, 俞建霖,等. 桶形基础简介及试验研究[J]. 杭州应用工程技术学院学

报, 2000(12):39 -42.

[22] 朱儒弟, 张亭健, 胡福辰,等. 桶形基础模型负压沉贯的土工技术试验研究[J]. 海岸工程, 1999, 18(1):37 -42.

[23] 何炎平, 谭家华. 筒型基础的发展历史和典型用途[J]. 中国海洋平台, 2002, 17(6):10 - 14.

[24] 王靖, 许涛. 海上桶形基础采油平台综合分析[J]. 海洋技术, 2003, (3):27 -28.

[25] 王秀勇, 肖熙, 亓和平. 负压原理在海洋工程中的应用[J]. 中国海洋平台, 1999, 14(5):1 -6.

[26] 李德堂, 张爱恩, 徐常胜. 海上负压沉降与液压控制技术的应用[J]. 中国海洋平台, 1998, 13(5,6):28 -31.

[27] 何炎平, 蒋如宏, 谭家华. 筒型基础总体尺寸初步设计方法[J]. 海洋工程, 2001, 19(2):18 -22.

[28] 王泉, 任贵永, 杨树耕. 浅海桶基平台桶形基础结构设计分析[J]. 黄渤海海洋, 2000, 18(4):85 -90.

[29] 张伟, 刘海笑, 周锡礽. 挪威桶形基础平台计算理论综述[J]. 中国海洋平台. 2000, 15(2):24 -25.

[30] Steensen - Bach J O. Recent model tests with suction piles in clay and sand[A]. OTC6844, 1992, 323 -330.

[31] Wang M C, Nacci V A. Applications of the suction anchors in offshore technology[A]. OTC3203, 1978, 1311 -1320.

[32] Baerheim M, Statoil Hoberg L, Aker Engineering, et al. Development and structural design of the bucket foundations for the Europipe Jacket. OTC7792, 1995, 859 -867.

[33] 杨少丽, 李安龙, 齐剑锋. 桶基负压沉贯过程模型试验研究[J]. 岩土工程学报, 2003, 25(2):236 -238.

[34] 杨少丽, Las Grande, 齐剑锋. 桶基负压沉贯下粉土中水力梯度的变化过程[J]. 岩土工程学报, 2003, 25(6):662 -665.

[35] 吴海滨, 朱世强, 陈鹰. 基于半物理仿真的桶形基础平台沉浮过程研究[J]. 仪器仪表学报, 2002, 23(6):635 -637.

[36] 吴海滨, 朱世强, 陈鹰. 桶形基础平台沉浮过程稳定性分析[J]. 浙江大学学报, 2001, 35(6):651 -654.

[37] 武星军. 新型可移动桶形基础平台下沉上浮过程半物理仿真研究[博士学位论文][D]. 浙江: 浙江大学, 2000.

[38] 刘振纹, 王建华, 秦崇仁,等. 负压桶形基础地基水平承载力研究[J]. 岩土工程学报, 2000, 22(6):691 -695.

[39] 施晓春, 徐日庆, 俞建霖,等. 桶形基础单桶水平承载力的试验研究[J]. 岩土工程学报, 1999, 21(6):723 -726.

[40] 张伟, 周锡礽, 余建星. 滩海桶形基础极限水平承载力研究[J]. 海洋技术, 2003, 22(4):54 -57.

[41] 王庚荪，孔令伟，杨家岭．单桶负压下沉过程中土体与桶形基础的相互作用[J]．岩土力学，2003，24(6):877－821.

[42] Deng W，Carter J P. Inclined uplift capacity of suction caisson in sand[A]．OTC12196，2000.

[43] Watson P G，Randolph M F. Combined lateral and vertical loading of caisson foundation[A]．OTC12195，2000，797－808.

[44] Aubeny C P，Han S W，Randolph M F. Inclined load capacity of suction caisson[J]．International Journal for Numerical and Analytical Methods in Geomechanics，2003，27:1235－1254..

[45] Clukey E C，Aubeny C P，Murff I D. Comparison of analytical and centrifuge model tests for suction caissons subjected to combined loads[A]．Proceedings of 22nd International Conference on Offshore and Arctic Engineering[C]．Mexico:OMAE，2003，37503.

[46] 任贵永，许涛，孟昭瑛,等．海上平台桶基负压沉贯阻力与土体稳定数值计算研究[J]．海岸工程，1999，18(1):1－6.

[47] Tjelta T I，Aas P M，Herstad J. The skirt piled Gullfaks C platform installation[A]．Offshore Technology Conference，6473[C]，1990，453－462.

[48] Dyvik R，Andersen K H，Christian Madshus，et al. Model tests of gravity platforms I: description[J]．Journal of Geotechnical Engineering，ASCE，1989，115(11):1532－1549.

[49] Andersen K H，Dyvik R，Lauritzsen R，et al. Model tests of gravity platforms II: interpretation[J]．Journal of Geotechnical Engineering，ASCE，1989，115(11):1550－1568.

[50] Watson P G，Randolph M F. Combined lateral and vertical loading of caisson foundations[A]．Offshore Technology Conference，12195[C]，2000，797－808.

[51] Dyvik R，Andersen K H，Svein Borg Hansen,et al. Field tests of anchors in clay I: description[J]．Journal of Geotechnical Engineering，ASCE，1993，119(10):1515－1531.

[52] Andersen K H，Dyvik R，Schroder K,et al. Field tests of anchors in clay II: predictions and interpretation[J]．Journal of Geotechnical Engineering，ASCE，1993，119(10):1532－1549.

[53] George B，Whitman R V，Marr W A. Permanent displacement of sand with cyclic loading[J]．Journal of Geotechnical Engineering，ASCE，1984，110(11):1606－1623.

[54] George B，Marr W A，John T C. Analyzing permanent drift due to cyclic loading[J]．Journal of Geotechnical Engineering，ASCE，1986，112(6):579－593.

[55] Eide O，Andersen K H. Foundation engineering for gravity structures in the northern north sea[R]．Norweigen Geotechnical Institute，1997，200:1－47.

[56] Erbrich C T，Tjelta T I. Installation of bucket foundation and suction caissons in sand－geotechnical performance[A]．Offshore Technology Conference，10990[C]，1999，725－735.

[57] Burgess I W，Hird C C. Stability of installation of marine caisson anchors in clay[J]．Canadian Geotechnical Journal，1983，20:385－393.

[58] Gharbawy S E，Olson R E. Laboratory modeling of suction caisson foundations[A]．Proceed-

ings of the 8th International Offshore and Polar Engineering Conference[C], Montreal, Canada, 1998, 537 -542.

[59] Gharbawy S E, Olson R E. Suction anchor installations for deep gulf of mexico applications [A]. Offshore Technology Conference, 10992[C], 1999, 747 -754.

[60] Gharbawy S L, Iskander M G, Olson R E. Application of suction caisson foundations in the gulf of mexico[A]. Offshore Technology Conference, 8832[C], 1998, 531 -538.

[61] House A R, Randolph M F, Borbas M E. Limiting aspect ratio for suction caisson installation in clay[A]. Proceedings of the 9th International Offshore and Polar Engineering Conference [C], Brest, France, 1999, 676 -683.

[62] Allersma H G B, Plenevaux F J B, Wintgens J. Simulation of suction pile installation in sand in a geocentrifuge[A]. Proceedings of the 7th International Offshore and Polar Engineering Conference[C], Honolulu, 1997, 761 -765.

[63] Andersen K H, Jostad H P. Foundation design of skirted foundations and anchors in clay[A]. Offshore Technology Conference, 10824[C], 1999, 383 -392.

[64] Andersen K H, Lauritzsen R. Bearing capacity for foundations with cyclic loads[J]. Journal of Geotechnical Engineering, ASCE, 1988, 114(5): 540 -555.

[65] Dyson G J, Randolph M F. Monotonic lateral loading of piles in calcareous sand[J]. Journal of Geotechnical and Geoenvironmental Engineering, ASCE, 2001, 127(4): 346 -352.

[66] 洪学福, 刘志安, 陈学春,等. 桶形基础海上中间实验研究[J]. 海岸工程, 1999, 18(1): 56 -59.

[67] 张亭健, 朱儒弟, 胡福辰,等. 单只桶基安全负压沉贯操作方法物模试验初探[J]. 海岸工程, 1999, 18(1):25 -32.

[68] 何生厚, 孙东昌. 桶形基础采油平台负压沉贯阻力计算分析[J]. 中国海洋平台, 2000, 15(1):16 -23.

[69] 杨树耕, 孟昭瑛, 许涛,等. 海上筒基平台负压沉贯阻力的数值计算研究[J]. 海洋学报, 1999, 21(6):94 -101.

[70] 齐剑峰, 冯秀丽, 林霖,等. 桶形基础及其作用下的粉质土海床失稳机制研究的试验设计[J]. 青岛海洋大学学报, 2002, 32(6):949 -955.

[71] 何厚生, 徐松森, 李卫星,等. 桶形基础沉贯室内模型试验研究[J]. 海岸工程, 1999, 18(1):18 -24.

[72] Hansen J B. A revised and extended formula for bearing capacity[J]. Danish Geotechnical Institute Bulletin, 1970, 28:5 -11.

[73] Vesić A S. Bearing capacity of shallow foundations[J]. Foundation Engineering Handbook Van Nostrand Reinhold, 1975, 121 -147.

[74] Meyerhof G G. Limit equilibrium plasticity in soil mechanics[A]. Proc. Application of plasticity and generalised stress -strain in geotechnical engineering ASCE, 1980, 7 -24.

[75] Terzaghi K. Theoretical soil mechanics[M]. New York, 1943.

[76] Nakase A. Bearing capacity of rectangular footings on clays of strength increasing linearly with

depth[J]. Soils and Foundations, 1981, 21(4):101 - 108.

[77] Tani K, Craig W H. Bearing capacity of circular foundations on soft clay strength increasing with depth[J]. Soils and Foundations, 1995, 35(4):21 - 35.

[78] Houlsby G T, Wroth C P. Calculation of stresses on shallow penetrometers and footings[A]. In: Denness B. Seabed Mechanics[C]. London: Graham & Trotman, 1983, 107 - 112.

[79] Green A P. The plastic yielding of metal junctions due to combined shear and pressure[J]. Journal of the Mechanics and Physics of Solids, 1954, 2:197 - 211.

[80] 栾茂田, 金崇磐, 林皋. 非均质地基上浅基础的极限承载力[J]. 岩土工程学报, 1988, 10(4):14 - 27.

[81] 赵少飞. 复合加载条件下海洋地基承载力特性数值分析方法研究[博士学位论文][D]. 大连: 大连理工大学, 2005.

[82] 栾茂田, 赵少飞, 袁凡凡,等. 复合加载模式作用下地基承载性能数值分析[J]. 海洋工程, 2006, 24(1):34 - 40.

[83] Meyerhof G G. The ultimate bearing capacity of foundations[J]. Geotechnique, 1951, 2:301 - 332.

[84] Meyerhof G G. Some recent research on the bearing capacity of foundations[J]. Canadian Geotechnical Journal, 1963, 1:16 - 31.

[85] Salencon J, Pecker A. Ultimate bearing capacity of shallow foundations under inclined and eccentric loads. part I: purely cohesive soil[J]. European Journal of Mechanics A - Solids, 1995, 14(3):349 - 375.

[86] Salencon J, Pecker A. Ultimate bearing capacity of shallow foundations under inclined and eccentric loads. part II: purely cohesive soil without tensile - strength[J]. European Journal of Mechanics A - Solids, 1995, 14(3):377 - 396.

[87] Paolucci R, Pecker A. Soil inertia effects on the bearing capacity of rectangular foundations on cohesive soils[J]. Engineering Structures, 1997, 19(8):637 - 643.

[88] Ukritchon B, Whittle A J, Sloan S W. Undrained limit analyses for combined loading of strip footings on clay[J]. Journal of Geotechnical and Geoenvironmental Engineering, ASCE, 1998, 124(3):265 - 276.

[89] Ukritchon B, Whittle A J, Sloan S W. Undrained limit analyses for combined loading of strip footings on clay - disscussion[J]. Journal of Geotechnical and Geoenvironmental Engineering, ASCE, 1999, 125(11):1028 - 1029.

[90] Ukritchon B, Whittle A J, Sloan S W. Undrained limit analyses for combined loading of strip footings on clay - closure[J]. Journal of Geotechnical and Geoenvironmental Engineering, ASCE, 1999, 125(11):1028 - 1029.

[91] Sloan S W. Lower bound limit analysis using finite - elements and linear programming[J]. International Journal for Numerical and Analytical Methods in Geomechanics, 1988, 12(1):61 - 77.

[92] Sloan S W, Kleeman P W. Upper bound limit analysis using discontinuous velocity fields[J].

Computer Methods in Applied Mechanics and Engineering, 1995, 127: 293 - 314.

[93] Murff J D. Limit analysis of multi - footing foundation systems[A]. Proceedings International Conference on Computer Methods and Advances in Geomechanics[C], 1994, 233 - 244.

[94] Martin C M. Physical and numerical modeling of offshore foundations under combined loads [Ph. D Thesis][D], Wellington Square: The University of Oxford, 1994.

[95] Bransby M F, Randolph M F. The effect of embendment depth of the response of skirted foundations to combined loading[R]. Department of Civil Engineering, The University of Western Australia, 1998.

[96] Bransby M F, Randolph M F. Combined loading of skirted foundations[J]. Geotechnique, 1998, 48: 637 - 655.

[97] Byrne B W, Houlsy G T. Experimental investigations of the cyclic response of suction caissons in sand[A]. Offshore Technology Conference, 12194[C], 2000, 787 - 795.

[98] Sherif E G, Olson R. The pullout capacity of suction caisson foundations for tension leg platforms[A]. Proceedings of the. 8th International Offshore and Polar Engineering Conference [C], Ottawa, Canada, 1998, 531 - 536.

[99] Allersma H G B, Kierstein A A, Maes D. Centrifuge modeling on suction piles under cyclic and long term vertical loading[A]. Proceedings of the. 10th International Offshore and Polar Engineering Conference[C], Seattle, USA, 2000, 334 - 341.

[100] Allersma H G B, Brinkgreve R B J, Simon T. Centrifuge and numerical modeling of horizontally loaded suction piles[J]. International Journal of Offshore and Polar Engineering, 2000, 10(3):223 - 235.

[101] Deng W, Carter J P. A theoretical study of the vertical uplift capacity of suction caissons [A]. Proceedings of the. 10th International Offshore and Polar Engineering Conference[C], Seattle, USA, 2000, 342 - 349.

[102] Gharbawy S E, Olson R. The cyclic pullout capacity of suction caisson foundations[A]. Proceedings of the 9th International Offshore and Polar Engineering Conference[C], Brest, France, 1999, 660 - 663.

[103] Narasimha S, Ravi R, Ganapathy C. Pullout behaviour of model suction anchors in soft marine clays[A]. Proceedings of the 7th International Offshore and Polar Engineering Conference [C], Honolulu, 1997, 740 - 744.

[104] Takatani T, Maeno Y H. Dynamic response of caisson with suction and its foundation due to wave[A]. Proceedings of the 7th International Offshore and Polar Engineering Conference [C], Honolulu, 1997, 861 - 867.

[105] Takatani T, Maeno Y H. Dynamic response of caisson with suction soft seabed[A]. Proceedings of the 6th International Offshore and Polar Engineering Conference[C], Los Angeles, USA, 1996, 536 - 543.

[106] Clukey E C, Morrison M J, Garnier J, et al. The response of suction caisson in normally consolidated clays to cyclic tip loading conditions[A]. Offshore Technology Conference, 7796

[C], 1995, 909 - 918.

[107] Randolph M F, O'Neill M P, Stewart D P, et al. Performance of suction anchors in fine grained calcareous soils[A]. Offshore Technology Conference, 8831[C], 1998, 521 - 529.

[108] Renzi R, Maggioni W, Smits F, et al. A centrifugal study on the behaviour of suction piles [A]. Centrifuge 91[C], Balkema, Rotterdam, 1991, 169 - 176.

[109] Fuglsang L D, Steensen - Bach J O. Breakout resistance of suction piles in clay[A]. Centrifuge 91[C], Balkema, Rotterdam, 1991, 153 - 159.

[110] Byrne B W, Houlsy G T. Experimental investigations of the response of suction caissons to transient combined loading[J]. Journal of Geotechnical and Geoenvironmental Engineering, 2004, 130(3):240 - 253.

[111] Gottardi G, Houlsby G T, Butterfield R. Plastic response of circular footings on sand under general planar loading[J]. Geotechnique, 1999, 49(4): 453 - 469.

[112] Martin C M, Houlsby G T. Combined loading of spudcan foundations on clay: laboratory tests [J]. Geotechnique, 2000, 50(4):325 - 328.

[113] 鲁晓兵, 王义华, 张建红,等. 水平动载下桶形基础变形的离心机实验研究[J]. 岩土工程学报, 2005, 27(7):789 - 791.

[114] 施晓春, 龚晓南, 俞建霖,等. 桶形基础抗拔力试验研究[J]. 建筑结构, 2003, 33(8): 49 - 56.

[115] 施晓春. 水平荷载作用下桶形基础的性状[博士学位论文][D]. 杭州: 浙江大学, 2000.

[116] 王晖, 王乐芹, 周锡礽,等. 软黏土中桶形基础的上限法极限分析模型及其计算[J]. 天津大学学报, 2006, 39(3):273 - 279.

[117] Meyerhof G G. An investigation of the bearing capacity of shallow footings on dry sand[A]. Proc. Second Int. Conf. Soil Mech., 1948, 1:237 - 242.

[118] Deng W, Carter J P. A theoretical study of the vertical uplift capacity of suction caissons [A]. Proceedings of the 10th International Offshore and Polar Engineering Conference, 2000, 342 - 349.

[119] Murff J D, Hamilton J M. P - ultimate for undrained analysis of laterally loaded piles[J]. ASCE Journal of Geotechnical Engineering, 1993, 119(1):91 - 107.

[120] Aubeny C P, Murff J D, Moon S K. Lateral undrained resistance of suction caisson anchor [J]. International of Offshore and Polar Engineering, 2001, 11(3):211 - 219.

[121] Aubeny C, Han S, Murff J D. Suction caisson capacity in anisotropic, purely cohesive soil [J]. International Journal of Geomechanics, ASCE, 2003, 3(2):225 - 235.

[122] Bang S, Cho Y. Ultimate horizontal loading capacity of suction piles[J]. International Journal of Offshore and Polar Engineering, 2002, 12(1):56 - 63.

[123] 薛万东. 浅海桶形基础平台抗拔力与抗倾稳定分析[J]. 黄渤海海洋, 2001, 19(3):87 - 92.

[124] 孟昭瑛, 梁子冀, 刘孟家. 浅海桶形基础平台水平承载力与抗滑稳定分析[J]. 黄渤海

海洋, 2000, 18(4):1 -5.

[125] 吴梦喜, 时钟明. 桶形基础承载力计算的极限反力法[J]. 中国海洋平台,2004, 19(4):476 -480.

[126] 吴梦喜, 王梅, 楼志刚. 吸力式沉箱的水平极限承载力计算[J]. 中国海洋平台, 2001, 4:12 -15.

[127] 张伟, 周锡礽, 余建星. 滩海桶形基础极限水平承载力研究[J]. 海洋技术, 2003, 22(4):54 -57.

[128] 果会成. 浅海桶形基础采油平台承载力计算分析与试验研究[硕士学位论文][D]. 天津: 天津大学, 2000.

[129] 严驰, 李亚坡, 袁中立. 桶形基础竖向承载力理论计算方法及土性参数的敏感性分析[J]. 中国海洋平台, 2004, 19(1):31 -36.

[130] 严驰, 李亚坡, 袁中立. 土性参数对桶形基础竖向地基承载力影响的敏感性分析[J]. 水运工程, 2003(12):12 -16.

[131] 范庆来, 栾茂田, 杨庆. 横观各向同性软基上深埋式大圆筒结构水平承载力分析[J]. 岩石力学与工程学报, 2007, 26(1):94 -101.

[132] Cassidy M J, Airey D W, Carter J P. Numerical modeling of circular footings subjected to monotonic inclined loading on uncemented and cemented calcareous sands[J]. Journal of Geotechnical and Geoenvironmental Engineering, 2005, 131(1):52 -63.

[133] Martin C M, Houlsby G T. Combined loading of spudcan foundations on clay: numerical modeling[J]. Geotechnique, 2001, 51(8):687 -699.

[134] Martin C M. Physical and numerical modeling of offshore foundations under combined loads [D]. London: University of Oxford, 1994.

[135] Bransby M F, Randolph M F. The effect of skirted foundation shape on response to combined $V-M-H$ loadings[J]. Int. Journ. of Offshore and Polar Engineering, 1999, 9(3):214 -218.

[136] Hu Y X, Randolph M F. H - adaptive FE analysis of bearing capacity of skirted foundations [A]. Proceedings of the Eighth International Offshore and Polar Engineering Conference, 1998, 549 -556.

[137] Bell R W, Houlsby G T, Burd H J. Finite element analysis of axisymmetric footings subjected to combined loads[J]. Computer Methods and Advances in Geomechanics, 1992, 1765 -1770.

[138] Cao J, Phillips R, Popescu R. Numerical analysis of the behavior of suction caissons in clay [J]. International Journal of Offshore and Polar Engineering, 2003, 13(2):154 -159.

[139] Zhao S F, Luan M T, Lü A Z. Numerical analysis of bearing capacity of foundation under combined loading[A]. Proceedings of the First International Symposium on Frontiers in Offshore Geotechnics (ISFOG), 2005, 499 -505.

[140] 刘振纹, 王建华, 袁中立,等. 负压桶形基础地基竖向承载力研究[J]. 中国海洋平台, 2001, 16(2):1 -6.

[141] 刘振纹. 软土地基上桶形基础的稳定性研究[博士学位论文][D]. 天津: 天津大学, 2002.

[142] 施晓春, 龚晓南, 徐日庆. 水平荷载作用下桶形基础性状的数值分析[J]. 中国公路学报, 2002, 15(4):49-52.

[143] 张伟, 周锡礽, 刘海笑, 等. 滩海桶形基础平台三维有限元静力分析[J]. 中国海洋平台, 2001, 16(1):9-14.

[144] 钱荣, 周锡礽, 孙克俐, 等. 桶形基础平台三维有限元稳定性分析[J]. 海洋技术, 2003, 22(4):49-53.

[145] 王秀男, 王泉, 张亭键. 有限元无限元接触单元耦合法在桶形基础结构与土壤相互作用分析中的应用[J]. 黄渤海海洋, 2000, 18(4):56-61.

[146] 栾茂田, 范庆来, 杨庆. 非均质软土地基上吸力式沉箱抗拔承载力数值分析[J]. 岩土工程学报, 2007, 29(7):1054-1059.

[147] Hyodo M, Hyde A F L, Yamamoto Y, et al. Cyclic shear strength of undisturbed and remoulded marine clays[J]. Soils and Foundations, JGS, 1999, 39(2):45-58.

[148] Andersen K H, Pool J H, Brown S F, et al. Cyclic and static laboratory tests on Drammen clay[J]. Journal of the Geotechnical Engineering Division, ASCE, 1980, 106(5):499-529.

[149] Andersen K H, Kleven A, Heien D. Bearing capacity for foundation with cyclic loads[J]. Journal of the Geotechnical Engineering Division, ASCE, 1988, 114(5):540-555

[150] Yasuhara K. Postcyclic undrained strength for cohesive soils[J]. Journal of Geotechnical Engineering, ASCE, 1994, 120(11):1961-1979.

[151] Matsui T. Cyclic stress-strain history and shear characteristics of clays[J]. J. Geotechnical engineering, ASCE, 1980, 106(10):1101-1120.

[152] Matsui T, Bahr M A, Abe N. Estimation of shear characteristics degradation and stress-strain relationship of saturated days after cyclic loading[J]. Soils and Foundations, 1992, 32(1):161-172.

[153] 周建, 龚晓南. 循环荷载作用下饱和软黏土应变软化研究[J]. 土木工程学报, 2000, 33(5):75-78.

[154] Wang J H, Li C, Moran K. Cyclic undrained behavior of soft clays and cyclic bearing capacity of a single bucket foundation[A]. Proceedings of 15th International Offshore and Polar Engineering Conference[C], Seoul, Korea, 2005, 2:377-383.

[155] 刘海笑, 王世水. 改进的等效线性化计算模型及在结构海床耦合系统动力分析中的应用[J]. 中国港湾建设, 2006, (1):12-15.

[156] Wang Y Z, Zhu Z Y, Zhou Z R. Dynamic response analysis for embedded large-cylinder breakwaters under wave excitation[J]. China Ocean Engineering, 2004, 18(4):585-594.

[157] 王淑云, 楼志刚. 海洋粉质黏土在波浪荷载作用后的不排水抗剪强度衰化特性[J]. 海洋工程, 2000, 18(1):38-43.

[158] 闫澍旺, 杨昌民, 范期锦, 等. 波浪荷载作用下防波堤地基软化特性的试验研究[J].

港工技术, 2006, 2:44 - 47.
[159] 闫澍旺, 邱长林, 孙宝仓,等. 波浪作用下海底软黏土力学性状的离心机模型试验研究[J]. 水利学报, 1998, 9:66 - 70.
[160] 栾茂田, 齐剑锋, 聂影. 循环应力下饱和黏土剪切变形特性试验研究[J]. 海洋工程, 2007, 25(1):43 - 49.
[161] Guo W D, Zhu B T. Static and cyclic behavior of laterally loaded piles in calcareous sand[A]. Proceedings of the First International Symposium on Frontiers in Offshore Geotechnics (IS-FOG), 2005, 373 - 379.
[162] Wang Y H, Lu X B, Wang SH Y, et al. The response of bucket foundation under horizontal dynamic loading[J]. Ocean Engineering, 2006, 33:964 - 973.
[163] 全伟良, 宋志刚. 水平循环荷载作用下单桩动力特性的数值模拟[J]. 海洋工程, 2003, 21(1):13 - 18.
[164] 范庆来, 栾茂田, 杨庆,等. 考虑循环软化效应的软基上深埋大圆筒结构承载力分析[J]. 大连理工大学学报, 2006, 40(5):702 - 706.
[165] 丁红岩, 张浦阳. 海上吸力锚负压下沉渗流场的特性分析[J]. 海洋技术, 2003, 22(4):44 - 48.
[166] 孙东昌, 张士华, 徐松森,等. 海上桶基平台负压沉贯阻力与土体稳定数值计算研究[J]. 中国海洋平台, 2000, 15(2): 20 - 23.
[167] Hibbitt, Karlson and Sorrenson (HKS). ABAQUS user's manual 6.3[M]. Pawtucket, RI, USA. 2002.
[168] 崔春义. 桩 - 筏基础共同作用体系的时间效应数值分析与研究[博士学位论文][D]. 大连: 大连理工大学, 2007.
[169] 钱家欢, 殷宗泽. 土工原理与计算[M]. 北京: 中国水利水电出版社, 1980.
[170] 毛昶熙. 渗流计算分析与控制[M]. 北京: 水利水电出版社, 1990.
[171] 孙钧, 汪炳鉴. 地下结构有限元解析[M]. 上海: 同济大学出版社, 1988.
[172] 何炎平, 谭家华. 筒型基础渗流场的有限元模拟与分析[J]. 中国海上油气(工程), 2002, 14(4):22 - 27.
[173] 杜延龄, 许国安. 渗流分析的有限元法和电网络法[M]. 北京: 水利水电出版社, 1992.
[174] 张士华, 杨树耕. 海上桶形基础平台负压沉贯渗流场有限元分析[J]. 黄渤海海洋, 2000, 18(4):18 - 22.
[175] 丁红岩, 杜杰, 戚兰. 吸力锚下沉过程中土塞高度计算[J]. 天津大学学报, 2002, 35(4):439 - 442.
[176] Ngo - tran C L. The analysis of offshore foundations subjected to combined loading [Ph. D. Thesis][D]. London: University of Oxford, 1996.
[177] 洪学福, 沈琪, 郭景松. 桶形基础平台桶基安装误差检测方法探讨[J]. 黄渤海海洋, 2000, 18:78 - 80.
[178] 范庆来. 软土地基上深埋式大圆筒结构稳定性研究[博士学位论文][D]. 大连: 大连

理工大学，2007.

[179] Hesar M, KBR. Geotechnical design of the Barracuda and Caratinga suction anchors[A]. OTC15137, 2003, 1-9.

[180] Vesic A S. Analysis of ultimate loads of shallow foundations[J]. Journal of the soil mechanics and foundations division, 1973, 99(Sm1):45-73.

[181] Butterfield R, Houlsby G. T. Gottardi G. Standardised sign conventions and notation for generally loaded foundations[J]. Geotechnique, 1997, 47(5):1051-1054.

[182] Randolph M F, House A R. Analysis of suction caisson capacity in clay[A]. OTC14236, 2002, 2-12.

[183] Wang ZH Y, Luan M T, Wang D, et al. Ultimate bearing capacity of suction caisson foundations in undrained soils[A]. Recent Development of Geotechnical and Geoenvironmental Engineering in Asia, 2006, 229-234.

[184] Deng W, Carter J P. Analysis of suction caissons in uniform soils subjected to inclined uplift loading[R]. Report No. R798, Department of Civil Engineering, The University of Sydney, Australia.

[185] Taiebat H A, Carter J P. Interaction of forces on caissons in undrained soils[A]. Proceedings of the 15th International Offshore and Polar Engineering Conference[C], Seoul, Korea, 2005, 2:625-632.

[186] Sukumaran B, Mccarron W O, Jeanjean P, et al. Efficient finite element techniques for limit analysis of suction caisson under lateral loads[J]. Computers and Geotechnics, 1999, 24(2):89-107.

[187] Andersen K H, Murff J D, Randolph M F, et al. Suction anchors for deepwater applications [A]. In: Gourvenec S and Cassidy M (Edited). Frontiers in Offshore Geotechnics[C] (Proceedings of the First International Symposium on Frontiers in Offshore Geotechnics, University of West Australia, Perth, Sept. 19-21, 2005), The Netherlands: Taylor and Francis/Balkema, 2005, 3-30.

[188] 陈福全，龚晓南，竺存宏．大直径圆筒码头结构土压力性状模型试验[J]．岩土工程学报，2002，24(1):72-75.

[189] 徐光明，章为民，赖忠中．沉入式大圆筒结构码头工作机理离心模型试验研究[J]．海洋工程，2001，19(1):38-44.

[190] 年廷凯．桩-土-边坡相互作用数值分析及阻滑桩简化设计方法研究[博士学位论文][D]．大连：大连理工大学，2005.

[191] Shields R T, Drucker D C. The application of limit analysis to punch-indentation problems [J]. Jour. Appl. Mech., 1953, 20:435-460.

[192] Brand E W, Brenner R P, 叶书麟，等．软黏土工程学[M]．北京：中国铁道出版社，1991.

[193] Kusakabe O, Suzuki H, Nakase A. An upper bound calculation on bearing capacity of a circular footing on a non-homogeneous clay[J]. Soils and Foundations, 1986, 26(3):143-

148.

[194] 范庆来，栾茂田，杨庆．软基上沉入式大圆筒结构的水平承载力分析[J]．岩土力学，2004，25(增2)：191－195.

[195] 王元战，王海龙，付端清．沉入式大直径圆筒码头稳定性计算方法研究[J]．岩土工程学报，2002，24(4)：417－420.

[196] 吴梦喜．软土地基中深埋式大圆筒结构的承载机制与稳定性分析方法[A]．第九届土力学及岩土工程学术会议论文集[C]．北京：清华大学出版社．2003，593－598.

[197] Randolph M F, Houlsby G T. The limiting pressure on a circular pile loaded laterally in cohesive soil[J]. Geotechnique, 1984, 34(4):613－623.

[198] 王丽，鲁晓兵，时忠民．钙质砂地基中桶形基础水平动载响应实验研究[J]．工程力学，2010，27(2)：193－203.

[199] 魏世好，冯世伦，严池．桶形基础水平加载过程中的土压力研究[J]．西部探矿工程，2009，1：1－4.

[200] 张宇，王梅，楼志刚．竖向荷载作用下桶形基础与土相互作用机理研究[J]．土木工程学报，2005，38(2)：97－101.

[201] 栾茂田，聂影，杨庆，等．不同应力路径下饱和黏土耦合循环剪切特性[J]．岩土力学，2009，30(7)：1927－1932.

[202] Tan F S. Centrifuge and theoretical modeling of conical footings on sand[D]. London: Cambridge University, 1990.

[203] ISO. Petroleum and natural gas industries: Offshore structures: Part 4: Geotechnical and foundation design considerations, International Organisation for Standardisation 19900, 2002.

[204] Taiebat H A, Carter J P. Numerical studies of the bearing capacity of shallow foundations on cohesive soil subjected to combined loading[J]. Geotechnique, 2000, 50(4):409－418.

[205] Bolton M. A guide to soil mechanics[M]. MacMillan Publishers, London, 1979.

[206] Senders M, Kay S. Geotechinical suction pile anchor design in deep water soft clays[A]. Conference Deepwater Risers Mooring and Anchorings, London, 2002.

[207] Bransby M. F. Failure envelopes and plastic potentials for eccentrically loaded surface footings on undrained soil[J]. International Journal for Numerical and Analytical Methods in Geomechanics, 2001, 25:329－346.

[208] 袁凡凡，栾茂田，闫澍旺，等．倾斜荷载作用下层状非均质地基的极限承载力[J]．岩土力学，2004，25(增2)：564－573.

[209] Casagrande A, Carillo N. Shear failure in anisotropic materials[A]. Contributions of soil mechanics, Boston Society of Civil Engineering, 1944, 74－87.

[210] Hill R. The mathematical theory of plasticity[D]. London: Oxford University, 1950.

[211] Davis E H, Christian J T. Bearing capacity of anisotropic cohesive soil[J]. J. Soil Mech. Found. Div., Am. Soc. Civ. Eng., 1971, 75(5):753－769.

[212] Ladd C C. Stability evaluation during staged construction[J]. Journal of the Geotechnical Engineering Division, ASCE, 1991, 117(4):540－615.

[213] Andersen K H, Jostad H P. Foundations design of skirted foundations and anchors in clay [A]. Offshore Technology Conference[C], Houston, Texas, 1999, 383 - 392.

[214] Gourvenec S, Randolph M F. Three - dimensional finite element analysis of combined loading of skirted foundations on non - homogeneous clay[J]. Numerical Models in Geomechanics, 2002, 3:439 - 444.

[215] Davis E H, Booker J R. The effect of increasing strength with depth on the bearing capacity of clays[J]. Geotechnique, 1973, 23(4):551 - 563.

[216] Houlsby G T, Wroth C P. Calculation of stresses on shallow penetrometers and footings[A]. Proc. IUTAM/IUGG Seabed Mechanics[A], Newcastle, 1983, 107 - 112.

[217] 刘振纹，秦崇仁，王建华．软黏土地基上循环承载力的计算模型研究[J]．岩土力学，2004，25(增2):405 - 408.

[218] 何生厚，洪学福．浅海固定式平台设计与研究[M]．北京：中国石化出版社，2003.